U0008619

新手父母

聰明選食物·健康挑外食

營養師&兒科醫師
兒童飲食配方

適用
4歲以上

榮新診所營養師　禾馨民權婦幼診所小兒科醫師
李婉萍　　**葉勝雄**　◎合著

目錄
CONTENTS

前言

現代孩子的飲食迷思——
這樣吃真的健康嗎？

第1章 孩子的營養課——
教孩子建立正確飲食觀

第2章 這樣吃才正確——
教孩子選擇外食

第3章　健康聰明吃——
　　　　飲食的選擇

第4章 爸媽快速上菜——
下班後健康料理

第5章 孩子的健康食譜

營養 Q&A

引導兒童健康正確的飲食觀念

文長安 輔仁大學食品科學系兼任講師‧前衛生福利部食品藥物管理署技正退休

　　婉萍是我前年在台大醫院為台北市營養師公會演講添加物時認識之朋友，她當時是台下聽眾成員之一，由於她的好學與發問之精神，讓我頓時對一位素昧平生的營養師產生了佩服之心，感覺台灣的營養界真是臥虎藏龍，人才輩出。

　　當我獲邀約為這一本書《營養師＆兒科醫師兒童飲食配方》寫序時，我覺得十分好奇，這怎麼可能？我不是因為邀約我寫序而覺得驚訝！而是訝異醫師怎麼可能與營養師一起出書，這真是太意外了。依據經驗法則，醫師是不太可能與同行外的作者共同出書，除非這位作者有非常好的實力與正確的認知，這點，我很為婉萍高興，她做到了。

　　個人於衛生福利部食品藥物管理署擔任公職 25 年退休，於擔任公職期間，深知我國食品安全管理最好的就是嬰兒食品，所有的市售嬰兒與較大嬰兒配方食品都要辦理查驗登記，而且業者在申請查驗登記時，只要有些許缺失，都會被立即退件，也因此，嬰兒業者花了二年時間，一張查驗登記許可證辦不出來的比比皆是，因此，嬰兒與較大嬰兒的食品基本上是沒有什麼問題的，過去三十年來，很少食安問題發生，就是最顯明的證據。

　　可是兒童就不同了，食品安全衛生管理法除了第二十八條第二項「中央主管機關對於不適合兒童食用之食品，得限制其促銷或廣告；其食品之項目、促銷或廣告之限制與停止刊播及其他應遵行事項之辦法，由中央主管機關定之。」亦即政府對兒童食品之管理，只有在廣告上做限制，其他兒童食品均比照一般食品管理，無立法予以特殊之限制，因此，成人食品出現之缺失，均有可能在兒童食品上出現。

　　兒童是禁不起慾望誘惑的。幾乎所有的兒童都喜歡油炸、高糖、重口味之食品，依據台灣兒童肥胖盛行率超過 25% 現況來看，台灣兒童飲食再不節制，爾後兒童可能就是台灣健保最大的負擔。吾人可由幾乎所有國民小學四周都開設了許多冷飲店即可窺出端倪；兒童最喜歡排名第一的食品「薯條」，也經速食業者自己承認薯條裡有 13 種添加物。

　　市售食品如果不添加添加物，很難獲得消費者的青睞，因此食品添加物確實有其必要性。食品添加物有著色、調味、防腐、漂白、乳化、增加香味、安定品質、促進發酵、增加稠度、強化營養、防止氧化或其他必要目的之功能，我國訂有食品添加物之品名、規格及其使用範圍、限量標準，並將添加物分為 18 類 800 種。歐美國家食品業者於使用添加物時，每一類只使用一種；亞洲國家食品業者卻是每一類都使用好幾種，且同時使用好幾類，亦即添加物有過度使用之情形，一包泡麵含有 60 種添加物即是明顯的一例。添加物添加多了，一定會造成兒童代謝及生長發育很大的負擔，兒童必定會輸在起跑點，這是所有家長都不願意看到的事。

　　果糖濫用造成兒童飲食很大的問題！我常說，果糖及過度的添加物添加是兒童健康最大的殺手。果糖可以化學化大量生產，甜度又是這糖的 1.72 倍，幾乎沒有兒童可以拒絕它的誘惑；每當我們到醫院去掛急診時，醫生一定先為我們點滴葡萄糖，絕對不會是果糖，因為如果點滴果糖，我們極有可能遭受生命之危脅。這小小舉例，說明了葡萄糖是身體所需要的糖，它會進入人體循環系統，提供人體所需之營養及熱量；果糖不是身體所需要的糖，它不會進入人體循環系統，而是直接進入代謝系統──肝，也因此帶給肝臟極大的負擔，更提高了疾病發生之機會，因此，果糖絕不是好糖，食品從業人員應降低使用，可是含果糖的甜味劑卻是兒童食品最重要的原料糖甜味劑，這也說明了兒童健康難逐漸轉差之部分原因。

本書《營養師＆兒科醫師兒童飲食配方》足可以解決很多兒童家長心中的疑惑，引導兒童進入一個健康正確的飲食觀念。這是一本非常有突破性的好書，二位作者不只點破了現代兒童飲食只重形式之缺失，更以正面方式營養健康了兒童的身軀，告訴兒童如何正確吃《主食（全穀、豆類、魚肉蛋）、蔬菜、水果、調味料》，並告知家長大家最關心的《卡通造型食品之優缺點、孩子生病食的天然補品》，更以實際操作《孩子的健康食譜》引導兒童進入更健康的世界。這本書對兒童飲食的健康細節，可謂都照顧到了。

　　本書作者為現職之醫師及營養師，是站在第一線的具有最豐富工作知識的專業人員，二位作者工作性質雖不同，但對健康看法卻是具有相當一致的超人專業，這本書確是一本兒童飲食好書，同時也適合一般人閱讀，值得推薦給所有社會大眾，我相信您閱覽完畢後，一定對您及您的健康家人會有非常正面的輔益，敬祝大家——食品衛生好，放心吃到老。

解開兒童飲食的迷思，正確選擇外食

吳映蓉 台灣營養基金會執行長‧博士

　　兒童是國家未來的棟梁，兒童的健康更是非常重要的基石，而兒童的飲食正是影響這基石最重要的一部分。從小的飲食習慣，將會變成一輩子的飲食習慣，而父母自己的飲食習慣又深深的影響著自己的小孩，但是，到底有多少父母自己本身的飲食觀念是正確的？

　　請翻開本書的前言，請爸爸、媽媽看一下這些飲食迷思，到底可以答對多少題？現在網路上充斥著太多網路謠言，而且有許多「偽專家」的各家謬論，更讓爸爸、媽媽無所適從。我們的確需要更多學有專精的「正港專家」投入一般大眾教育的行列，給爸爸、媽媽最正確的醫療、營養知識。

　　樂見致力於兒童醫療的葉勝雄醫師，能以醫師的專業來談兒童飲食這個領域，結合他本身臨床的經驗，更能提出最實用的飲食建議。李婉萍營養師更是在兒童營領域著墨甚深。由兩位合著這本《營養師＆兒科醫師兒童飲食配方》，提供大家最正確、最實用的兒童飲食建議，實為讀者的福氣。

　　此書，不但解開了許多兒童飲食的迷思，更教小朋友如何正確選擇外食，當然，提供了很多健康的食譜，讓爸爸、媽媽在家可以動手做給小朋友吃，其實，當爸爸媽媽閱讀完此書，您將會發現，收獲最大的是大人自己，因為，您會赫然發現原來所有的營養概念都可以應用在自己身上，而且應該從自己先行落實，因為，您的身教、飲食習慣將影響孩子一輩子。這絕對是一本值得父母好好閱讀、收藏的好書，本人非常誠摯的想把這本難得的好書推薦給大家。

「挑食」為全家人的健康把關

　　在談論食品安全問題時，最常遇到的困擾就是「什麼都不能吃，那要吃什麼呢？」很高興這次可以得到李婉萍營養師的邀約，一同撰寫這本書，不只告訴大家什麼不要吃，還要教大家該怎麼吃！

　　食安相關的新聞，在這幾年受到很大的關注，然而是不是每件事情都這麼嚴重呢？例如，可不可以吃烤吐司？可不可以用微波爐？蔬菜的亞硝酸鹽會不會致癌？還有一些議題，其實值得再進一步討論。例如，油品除了安全之外，還要注意哪些事項，怎麼選才健康？

　　食物的風險有高有低，例如，發芽的馬鈴薯千萬不要食用，組合肉有感染細菌的疑慮，大骨湯少鈣且含鉛等等。希望大家能透過閱讀，一一檢視這些資訊，不僅保護自己，也保護小孩。

　　在食物的選擇上，希望能透過詳細的說明，讓大家更了解均衡的重要。例如，吃水果可以代替吃蔬菜嗎？喝豆漿和喝牛奶有什麼不一樣？另外，則是告訴大家有哪些食物隱藏了高熱量，除了怕造成肥胖之外，也擔心影響正餐的食慾，造成營養上的不均衡。

　　然而，一本書不可能把所有相關的資料都一網打盡。況且，現在接受資訊的管道越來越多，反覆轉傳的資訊可能早已過時，來自內容農場的文章更是讓人真假難辨。因此，希望藉由系統化的整理，不只帶給大家知識，也能培養大家判斷的能力，在未來面對食品安全新聞或飲食健康話題時，不會過度恐慌，而能更加強自己的飲食智商。

　　最後，希望家長在建立正確的飲食觀念之餘，也能透過食物的選擇，將觀念潛移默化給未來的主人翁。讓營養學的知識，變成生活中的一部份，這才是孩子未來受用無窮的健康資產。

葉勝雄

正確吃外食奠定健康基礎

飲食行為（Eating behaviors）是泛指影響我們選擇食物的綜合因素，其因素含括思想、行為、意願而後決定飲食內容的綜合表現。根據研究影響幼兒飲食行為主要有三大重要影響因素：

1. Parenting 父母
2. Role modeling 榜樣學習
3. Food availability at home 家中食物容易取得性

由此我們可以得知，父母之於兒童營養健康扮演多重要的守門人角色，父母需要幫孩子奠定健康飲食、打造健康身體，才能聰明讀書快樂長大。有鑑於糖尿病門診的病患年齡層愈趨年輕，很多做父母的錯誤飲食也會影響孩子的飲食態度，門診中我常雞婆的不只告訴病人糖尿病要如何控制，如果病人同時是爸爸媽媽，我都會忍不住提醒，他們的飲食健康選項也會影響孩子的健康，畢竟孩子遺傳我們的基因，未來得到與我們相同的慢性病與癌症的機率是相對高，所以我寧願多說幾句讓門診病人的健康能延伸到家中的孩子健康。

有些父母是重視健康飲食，但在食安風險頻傳之下，往往不知飲食重點要聚焦在哪，因此將我所學的營養與食品知識做一個綜合的紅綠燈結合，讓父母外食時也較有具體知道如何選食的方向。

這本著作邀請同事小兒科葉勝雄醫生一起合著，因為他是腸胃兒科對嬰幼兒飲食非常重視也有深入的了解，書中豐富的研究報告資料讓父母更安心。

這本書是我身為媽媽與營養師為兒童營養做的一份努力，希望能讓更多人重視兒童營養，因為，他們真的是我們未來的棟樑，我不忍心因為我們大人的忽視而造成孩童未來長大疾病的困擾，其實，飲食就是最好的良藥，上醫治未病，營養就是預防醫學的開始！

李婉萍

前言

現代孩子的飲食迷思～
這樣吃真的健康嗎？

Q 喝一杯奶茶等於喝一杯牛奶？

A 錯！奶茶可以分成兩種，一種是添加奶精，一種是添加牛奶。奶精的名稱雖然有「奶」這個字，但主要成分卻是油脂和醣類，例如，棕櫚油和玉米糖漿，目的只是模仿牛奶的風味，奶精裡完全沒有來自牛奶的成分。因此奶精不像牛奶有豐富的蛋白質、維生素、鈣質。至於添加牛奶的奶茶，常被稱為「紅茶拿鐵」或「鮮奶茶」，在營養上也是大打折扣，因為奶茶裡面的牛奶約只占三分之一，而且茶含有草酸，會和牛奶的鈣質結合成草酸鈣，減少鈣的吸收。因此無論是加奶

喝奶茶不等於喝鮮奶。

精或牛奶的奶茶，都不如真的牛奶營養，還是直接喝一杯牛奶最健康！

Q 不能喝牛奶需要吃鈣片或鈣粉來補鈣？

A 有些食物常被誤以為鈣質含量很高，但其實不然，例如，嫩豆腐或未額外添加鈣質的豆漿。有些鈣質含量高的食物，同時也有抑制鈣質吸收的成分，例如，莧菜的草酸含量高，因此會影響鈣質的吸收。

　　牛奶的鈣質比較容易吸收，如果孩子是因為乳糖不耐而不能喝牛奶，可以改喝優酪乳或吃起司來補充鈣質。鈣質高、草酸低的植物性來源有南瓜、洋蔥、高麗菜、秋葵等。

兒童每日鈣質攝取建議量

1～3 歲	500 毫克（約 2 杯 240c.c. 的鮮奶）
4～6 歲	600 毫克（仍是 2 杯，但其他飲食中需要有高鈣食物）
7～9 歲	800 毫克

Q 喝優酪乳比喝牛奶健康？

A 不一定。優酪乳和牛奶最大的差別在乳糖，在優酪乳的製作過程中，乳酸菌會將牛奶中的乳糖轉變成乳酸等物質，因此特別適合因為乳糖不耐而不能喝牛奶的人，另一方面，優酪乳還能促進鈣質和鐵質的吸收。然而乳酸的味道並不是每個人都能接受，有時為了口感，會在製作優酪乳時添加糖分，因而在飲用的同時也增加了熱量的攝取，很容易不小心就熱量破表，因此需注意糖分的含量。至於在蛋白質方面，兩者各有優點，牛奶的蛋白質含量比較高，但優酪乳的蛋白質經

優酪乳也是很好的補鈣食物。

過乳酸菌分解後，變得比較容易吸收。因此兩者沒有絕對的孰優孰劣，選擇適合自己的就對了。

Q 喝羊奶可以顧氣管也較不會過敏？

A 目前沒有強烈的科學證據支持喝羊奶可以顧氣管，而且政府早已經禁止廠商用「顧氣管」來宣傳羊奶了。可能是以前電視播放的廣告讓人印象太深刻了，現在聽到：「《本草綱目》記載」，腦海還是會很快地浮現出一隻羊的影像。事實上，台灣對牛奶過敏的人，有九成以上也會對羊奶過敏，因此羊奶也算是容易過敏的食物之一。建議還是把羊奶當成食物選項之一就好，不要把羊奶當成補品，因而有過度的期待。

Q 多吃起司可以補鈣、長高？

A 適量就好。起司又稱為乳酪，可以分成很多種類，其中有些種類的鈣質濃度可以高達牛奶的 10 倍之多，因此可以用來補鈣是無庸置疑的。然而孩子的鈣質只

食用起司時需注意鈉含量。

要攝取足夠就好，過量的補充並不會帶來任何益處，也不會加速長高。

起司吃多了，反而要注意它的鈉離子含量，有些起司的鈉離子含量高達牛奶的 30 倍，因此最好選擇同樣熱量、鈣質，但鈉含量相對較低的產品。以 4 到 6 歲的孩子為例，每天鈉離子的攝取上限是 1200 毫克，因為其他食物與烹調當中也會有鈉離子，吃太多鈉含量高的起司，很容易不小心超標了。

另外，也建議選擇直接用牛奶當原料的天然乳酪，不要選用乾酪為原料的再製乳酪，這樣才不會在補鈣的同時，也吃進了許多我們不想吃的食品添加物。

Q 吃布丁等於吃蛋？小孩一天能吃幾顆蛋？

A 不完全一樣，自製布丁除了蛋以外，還加了牛奶和糖。如果是市售的布丁，可能還會用蛋粉取代新鮮的雞蛋，並添加澱粉、糖漿、香料、色素等物質。

小孩雖然個體比較小，但是考量生長發育的需要，每天吃 1～2 顆蛋是可以被接受的。雖然蛋是好的食物，但量太多，蛋白質攝取可能會過量。如果因為蛋吃太多而減少其他動物性蛋白質的攝取，又會排擠其他營養素的吸收。在此同時，也需注意油脂烹調，因為熱量和蛋白質過多，是造成兒童性早熟的主要原因。

孩子一天吃 1～2 顆蛋是可以接受的。

Q 放學後可以吃雞排、炸雞當點心？

A 不好。雞肉本身沒問題，問題出在「炸」的烹調方式上。因為油炸的溫度高，如果使用發煙點低的油會產生自由基，因此大多使用發煙點高的油，例如豬油和棕櫚油，但是魚與熊掌不可兼得，發煙點高的油往往富含飽和脂肪酸。一份雞排在吸取這些油脂後，熱量可達 700 大卡，約等於兩碗半的白飯。

而且店家的油如果沒有每天定時更換，油在經過長時間或反覆的高溫加熱後，也可能產生有害物質，例如，多環芳香碳氫化合物、氧化膽固醇等等。除了健康的影響，美國的調查也發現吃速食不利於學業成績。小學五年級時每天吃速食的兒童，在升上八年級後，不管是在閱讀、數學、或科學上的成績，都會比完全不吃速食的兒童，平均少了約 3 到 4 分。綜合以上各種因素，油炸食物還是少吃為妙。

Q 經常補充益生菌有益腸道健康？

A 是的。益生菌根據世界衛生組織的定義為「在適當劑量下，能為宿主帶來健康效益的活體微生物。」不過，補充益生菌就像花錢投資一家公司，最終的目的還是希望這家公司能自己賺錢，不用一直靠外來資金的挹注。

因此除了「益生菌」之外，還要有「益菌生」的觀念，要創造適合好菌生長的環境，好菌才會願意留下來。留下好菌的方法就是多吃含有膳食纖維或寡糖的食物，例如，糙米、燕麥、薏仁、花椰菜、洋蔥、四季豆、蒟蒻、海帶、番石榴、木瓜、香蕉等全穀類食物和新鮮蔬果。

在腹瀉時補充益生菌，加速腸道正常菌落的恢復，在平時藉由飲食維持好菌的生長，這是最理想的狀態。

食用膳食纖維有助身體留下好菌。

Q 喝蔬果汁可以取代新鮮蔬果？

A 不可以。根據台灣癌症基金會的「兩代飲食習慣與認知調查」，有高達四成二的孩子會以蔬果汁取代吃蔬果，而父母的部分竟也高達六成。

喝果汁應採新鮮現打、不經過濾、馬上喝。

除非蔬果汁是在家裡新鮮現打，而且不經過濾就馬上喝，否則在營養上和直接吃水果還是不一樣的。例如，在店家購買的蔬果汁，就算是新鮮現打，在蔬果的種類上，店家也可能偏好選擇甜度高的，如果打完再過濾就會損失纖維，再加糖就會增加熱量，像是市售西瓜汁，還會再加糖以增加甜度。

如果是市售盒裝的蔬果汁，那麼成分的差別就更大了，纖維通常第一個就被犧牲掉，而且純汁的含量可能不到 10 ％，多的是糖水或香料，還有為了延長保存期限的其他添加物，很多果汁中的維生素 C 其實都是做來穩定果汁用的，而非水果中的天然維生素 C。因此，直接吃新鮮水果和蔬菜料理，才是最佳的選擇。

Q 微波加熱調理食品不營養嗎？

A 微波加熱並不會影響食品原有的營養。微波加熱的原理是藉由電磁波讓食物中的極性物質（如水和脂肪）產生震盪，分子之間因為互相摩擦而產生熱，因此並不會影響食物原有的成分。

不過，微波的加熱方式有點像是「隔空加熱」，最大的缺點就是食物可能沒有均勻地受熱，有些地方滾得發燙，有些地方卻又半生不熟，沒辦法全面徹底殺菌，因此不適合用來煮熟食物。在用微波爐加熱已經煮熟過的食物時，同樣也可能會外冷內熱，因而在食用時不小心被燙傷。

另外，更要注意，不要利用微波爐來加熱牛奶或開水等液體，反而會因為受熱「太」均勻了，在表面上看起來很平靜，但一有風吹草動就瞬間一起沸騰爆發開來，這種現象又稱為「突沸」。因此，料理小孩的食品使用電鍋比較安全，以避免不慎燙傷。

Q 怕過敏，所以孩子不能吃海鮮？

A 如果已經吃過某種海鮮，而且確定會過敏，就應該避免。但如果只是因為聽說很多人會過敏，即所謂的「高敏」食物，自己卻從未吃過，倒是可以試試看。之所以不應該太早放棄吃海鮮，是因為帶殼的海鮮含有最豐富的鋅。

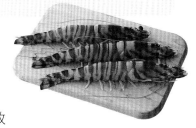

帶殼海鮮含有豐富的鋅，不應太早放棄吃。

缺乏鋅可能會造成成長遲緩、免疫低下、皮膚炎、傷口癒合差、腹瀉等等，而且還會影響味覺，在吃東西時覺得沒有味道，因而缺乏食慾。如果真的對海鮮過敏，則可以改從全穀類、豆類、堅果等來補充鋅。

Q 點心吃米果或是爆米花很健康？

A 不一定，要看製作過程才知道。以爆米花為例，如果只看膳食纖維、抗氧化劑多酚等成分，可說是一種健康點心。不過，店家或廠商為了讓爆米花更好吃，可能會再加入奶油、糖漿、鹽等等，這下子就落入垃圾食品的分類了。

米果的角色也是如此，它的主要原料是蓬萊米或糯米，並沒有太大的問題，但是經過油炸、調味（鹽、糖、醬油）之後，內容物就不那麼單純了。若要控制成分，最好的方法就是在家自己做，例如自己爆不加任何調味料的爆米花，或者是選擇長期有信譽的商家購買，並多注意一下產品包裝上的標示，像鈉含量及熱量等。最後還是控制吃的量，不要因為吃太多而影響到正餐的食慾。

媽媽手記

第一章

孩子的營養課～
教孩子建立正確飲食觀

兒童飲食習慣的三大危機

現代的孩子都吃些什麼呢？從兒童福利聯盟公布的「2015 年兒童飲食習慣調查報告」中，可以歸納出當前兒童飲食習慣的三大危機：

＊**飲食不均衡，偏食多**
＊**怕吃苦，討厭蔬菜**
＊**愛吃零食，把飲料當飯吃**

從這項調查中發現，高達七成二的兒童沒有每天都攝取到「豆魚肉蛋類、蔬菜類、水果類、奶類」這四類食物，更有一成的兒童完全不吃其中一類以上的食物。最常被孩子忽略，沒有每天吃的食物依序為：奶類（57.9%）、豆魚肉蛋類（36.1%）、水果類（26.9%）、蔬菜類（20.6%）。

蔬菜──孩子最不喜歡吃的食物

在兒童不喜歡吃的食物排行榜中，第一名毫無意外的是苦瓜（68.5%），第二名是吃起來軟軟的茄子（51.0%），第三到五名依序為山藥（44.2%）、芥蘭（47.1%）、青椒（41.4%），前五名都由蔬菜包辦。

不喜歡吃魚的小孩約占一成。如果遇到不喜歡吃的食物，有將近四成的小孩會把食物挑出來。談完這些讓小孩聞之色變的食物後，把鏡頭轉向讓小孩眉開眼笑的零食和飲料。

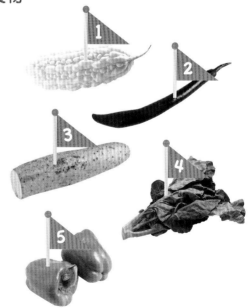

最不受孩子喜愛的蔬菜。

飲料、零食──空熱量食物

　　有五分之一的兒童每天都喝飲料，有四分之一的兒童每天都吃零食，甚至還有四分之一的兒童曾把零食當成一餐正餐。零食和飲料，多半熱量高但營養價值低，像這樣的食物有時我們稱為「空熱量」的食物，空有熱量沒有營養的意思。上面這些數據是針對國小五、六年級學童所作的研究，我想這些飲食習慣也是從小逐漸養成的。

　　國立臺灣師範大學在 2013 年，在《台灣衛誌》上刊登了一篇「長期追蹤台灣學齡前兒童 2 至 5 歲含糖飲料及糕餅點心與精製糖攝取情形」。這個研究一開始招募了 301 位嬰兒，其中有 132 位一直追蹤到 5 歲，發現飲用過含糖飲料的比例，在 2 歲時為 61.9%，3 歲時 65.1%，4 歲時 82.4%，5 歲時為 83.8%。「茶飲料」攝取人數百分比，從 2 到 5 歲依序為 13.4%、18.8%、37.6%、33.3%，其中又以奶茶占最多。這些數據只能用節節高升來形容。

 ## 外食排行 & 對兒童健康的危害

　　筆者身為兒科醫師，曾於 2014 年 10 月間，在以副食品為主軸的臉書社團裡（寶寶副食品交流區 https://www.facebook.com/groups/babyfoodforum/），做了一次非正式的調查，在可複選的情況下，讓社員票選兒童最愛的外食，票數總數為 293 票，票選結果及其可能帶來的健康危害如附表。在這其中，有很多外食都是散裝食品，不像包裝食品規定要有內容物標示，因此無法得知廠商使用材料的詳情，要更加小心。

孩子最愛的外食排行榜

食物名稱	票數比例	健康危害
炸薯條	38.6%	油脂熱量高,而且油炸大多會使用含飽和脂肪酸較高的食用油,長期會造成心血管疾病風險。
霜淇淋	14.7%	牛奶含量可能不到 20%,另可能含油、糖、乳化劑、香料等等,若再加上脆皮,一支的熱量約等於一碗白飯,會影響孩子正常的食量。
巧克力	9.6%	儘管可可和黑巧克力對成人的心臟有益處,但小孩與大人不同,對咖啡因的代謝很慢,因此對於有些比較敏感的小孩會容易讓兒童躁動亢奮,影響睡眠,甚至在夜間磨牙。若想用巧克力來安撫小孩,常常變成反效果。一般在製作巧克力的過程會再添加糖分、香料、色素等等,也增加了負面的影響。
可樂／汽水	8.5%	如果含糖過高的話,會增加熱量的攝取,可能影響正餐的進食或造成最終的肥胖。如果含磷酸過多的話,會影響人體對鈣質的吸收,不利骨骼的成長。而且常喝碳酸飲料,會讓牙齒的琺瑯質出現酸蝕現象,還會脫鈣、變黃等。有鑑於此,美國的速食業者已經陸續不在兒童餐提供汽水和可樂等飲料了。
雞塊／鹹酥雞／雞排	7.5%	問題主要出在油炸本身、肉類品質(是否為組合肉)、還有沾醬和調味料等等。且因為熱量大,也可能造成熱量的過度攝取或飲食上的不均衡。
珍珠奶茶／仙草奶凍	7.5%	這些手搖飲料可能隱藏了高熱量。以 700 毫升的珍珠奶茶為例,熱量可達 550 大卡,一天喝一杯的話,60 天可增加 4.3 公斤。如果要消耗掉這一杯的熱量,60 公斤成人約要慢跑一個小時才能消耗得完,更何況是小孩。肥胖是所有慢性疾病的淵源,應避免。

洋芋片	4.1%	洋芋片除了是油炸類的食物之外，它的含鈉量也不低，每 100 克洋芋片約有 0.5 克的鈉，也就是 1.25 克的鹽。1 到 3 歲的小朋友每天建議的鈉攝取量最多不應超過 0.8 克，4 到 6 歲為 1.2 克，如果洋芋片一口接一口，再加上其他飲食當中的鹽，鈉很快就超標了，會影響長期血壓控制。
蛋糕	3.8%	如果沒有實際參與過蛋糕的製作過程，可能很難猜出蛋糕裡的所有成分，例如鹽巴從口感上就吃不太出來。其他成分除了蛋黃、蛋白之外，還有麵粉、糖或糖漿、油脂、泡打粉等等。如果油糖的比例太高，或是添加巧克力，就不太適合 3 歲以下的小孩吃，就算是 3 歲以上的小孩也不要吃太多。
布丁	2.7%	有可能只是用蛋粉而不是真正的雞蛋，或是添加了太多澱粉、糖漿、香料、色素等等成分。
加味水	1.4%	水果口味的加味水，加的不一定是水果的原汁，例如檸檬口味可能只是用檸檬酸和檸檬香料來調和。如果長久習慣了這種假假的味道，下次喝到真正的檸檬汁時，可能反而會覺得怪怪的，還誤以為真的檸檬汁是假的。有時雖然添加的是真正的果汁，但還是有額外添加糖，原本只是想喝水，卻又在無形中增加了糖份和熱量的攝取，讓孩子失去體驗真食物的記憶。

（資料來源：葉勝雄醫師）

垃圾飲食影響學習&腸胃道健康

　　垃圾食物會影響未來的智商嗎？一篇 2012 年發表在《歐洲流行病學期刊》的研究，證實了這樣的看法。在這篇英國的研究當中，一共追蹤了七千多位嬰幼兒，分析他們在 6 個月大、1 歲 3 個月大、和 2 歲時的飲食型態，歸納出四種組別：母乳現代組、垃圾食物組、傳統家庭組、快速現成組。其中垃圾食物組的代表性食物為洋芋片、甜品、碳酸飲料、巧克力、可樂、番茄醬、零嘴。

　　在這些孩子 8 歲時，用魏氏兒童智力量表第三版來測量他們的智商，發現不論是在 6 個月大、1 歲 3 個月大、或兩歲時被歸類在垃圾食物組，在 8 歲時的智商都會低 1～2 分。相對的，如果是以豆類、新鮮蘋果及其他水果

如何避免食入人工反式脂肪？

　　人工反式脂肪是植物油在進行氫化反應時的意外產物，氫化反應這項技術在發明之初，是被用來製造人工奶油，還因此得了 1912 年的諾貝爾獎。然而事實並不如想像中的那麼美好，後來發現隨之而生的人工反式脂肪，會減少好的膽固醇並增加壞的膽固醇和三酸甘油酯，而且人體要花 51 天的時間才能代謝掉一半的反式脂肪，是心血管的一大殺手。

　　因此在購買食物時要注意包裝上的營養標示，看看反式脂肪是否為「0」。如果是「0」，還要看有無氫化植物油或植物性奶油的成分，因為依照台灣現行〈市售包裝食品營養標示規範〉，該食品每 100 公克之固體（半固體）或每 100 毫升之液體所含反式脂肪不超過 0.3 公克，即可標示為「0」，所以不是看到「0」就可以完全放心。至於沒有包裝標示的散裝食品，只能看店家的信譽，或祈禱政府能從材料來源管理了。此外，反芻動物的肉與油中也含有天然的反式脂肪，因此若查看奶製品的成份，會發現有來自天然的反式脂肪量對身體並無礙，所以購買時不妨再檢查是來自天然的還是合成的。

或果汁、起司、蛋為代表性食物的母乳現代組，則會高 1～2 分。這個研究團隊在 2013 年又發表一篇接續的報告，顯示垃圾食物組在 15 歲時對智商有不良的影響。

飲食與記憶力，鎂、鋅有助記憶力

根據聖約翰科技大學的研究，發現在頭髮裡鎂、鋅含量較高的 16 歲至 19 歲女學生，在國文和英文這些記憶力相關的科目，會有比較好的表現。頭髮就像樹木的年輪一樣，記錄著生長當時的身體營養狀況，所以頭髮裡面的鎂、鋅含量較高，代表在長出頭髮的這段時間裡吃了較多含鎂和鋅的食物。鋅的飲食來源最為人熟知的是包括牡蠣和文蛤等帶殼的海鮮，也存在肉、肝、蛋及菇類裡。

至於鎂，就較少被人提及了。國內統計 6 到 12 歲的孩童，鎂的攝取量都還算充足，但一過了 13 歲以後，就掉到只有建議量的 70% 了。哪些食物含有鎂呢？鎂是葉綠素的主要成分，因此綠色蔬菜自然是鎂的一大來源，例如菠菜、莧菜、甘藍菜等等。全穀類的胚芽和麩皮也含有鎂，此外，還有花生、黃豆、南瓜子等豆類或堅果，和水果裡的香蕉。如果飲食中缺乏蛋白質，也會有礙於鎂的吸收。

鎂、鋅有助記憶力。

飲食與腸道健康，膳食纖維有助包覆毒素

食物和腸道細菌之間的關係，可以用「物以類聚」來形容，對腸道有益的益生菌，喜歡有膳食纖維的食物，包括全穀類和蔬菜水果，腸道的壞菌則喜歡油炸類的食物。

膳食纖維本身的體積可以讓胃部有飽足感，比較不會因為一直想吃東西而變胖。膳食纖維也可以像八爪章魚一樣包圍住毒素或致癌物，讓它們不容易接觸到腸道，還可以藉由順暢排便，像馬路上的掃街車，定期將毒素或致

癌物一掃而空，不讓它們在腸道滯留太久；而且膳食纖維到了大腸以後，經細菌的發酵，還能產生果寡糖和各種短鏈脂肪酸，可以促進腸道好菌的生長、降低血脂肪、預防大腸癌或腺瘤，好處多多。

營養、睡眠、運動兼具才能長得高

至於家長們最關心的生長發育部分，長高有三大要素：營養、睡眠、運動。營養方面要有充足的鈣、鋅、維生素 D、和優質的蛋白質。

豐富的膳食纖有助產生體內好菌。

營養 Q&A

是否可以給小朋友吃鬆餅、蛋糕當點心？

製作糕點時，為了省時省力，常會使用泡打粉當作膨鬆劑，這時候應該選用無鋁泡打粉，雖然膨鬆的效果可能稍微差一點，但可以盡量減少鋁的攝取。還有海蜇皮、海帶等水產加工品，也可能使用鋁明礬當脫水劑，這些都是可以盡量避免的。

國外有針對鋁的攝取量訂出每週容許量，其中歐盟又比聯合國糧農組織更為嚴格，以 30 公斤重的兒童為例，1 週吃兩個使用含鋁膨鬆劑的甜甜圈，或是吃 1 條使用鋁明礬當膨鬆劑的油條，就快超過 1 週的容許量了。

鋁中毒可能會造成腦神經病變、貧血、或軟骨症，但也不必因為稍微吃到一點就太過驚恐。只要不攝取過量，而且有充足的飲水，這些吸收進人體的鋁，絕大部分都可以經由尿液再排出。但如果腎功能不佳，或是兩歲前腎臟功能尚未完全成熟的小孩，就一定要特別留意。

吃鬆餅時，需注意材料是否含鋁。

維生素D除了從飲食中攝取之外，皮膚也可以在曬太陽的時候合成維生素D。至於含糖飲料和高糖的食物，則對身高有負面的影響，不只會抑制生長激素的分泌，還會刺激胰島素分泌。胰島素會促進脂肪的合成，最後不只長不高，還會容易變胖。

生長激素在晚上9點到凌晨3點之間的分泌特別旺盛，尤其是晚上11點到凌晨2點之間，而且關鍵是在這段時間要睡著，因為在睡著後30至60分鐘才會出現分泌的高峰期，如果醒著就會大打折扣。生長激素在早上6點左右會有另一波較小的高峰，因此對小學生和學齡前兒童來說，在晚上9點到早上6點之間如有充足的睡眠，對長高有很大的幫助。

運動也有助於長高，只要連續運動30分鐘，例如，打籃球、游泳、跳繩、跑步等，就可以刺激生長激素的分泌。常聽說做拉筋這類的運動會長不高，其實並沒有明確的證據。在進行體操、舞蹈這類運動時，一定要有專業的教練帶領才能避免受傷，否則萬一傷到骨頭的生長板，就真的會影響身高了。而另一個迷思是舉重選手的身高普遍不高，但這是因為太高的人不適合舉重。舉重是用體重分量級，在同樣量級的選手裡面，較矮的人當然會壯一些。

營養 Q&A

色彩繽紛的零食是否可以吃呢？

市售零食為了吸引人購買，常使用人工食用色素來調色。一份2007年刊登在《刺胳針》的報告指出，喹啉黃、黃色4號、黃色5號、偶氮玉紅、紅色6號、紅色40號這些色素，和小孩的過動有關。歐洲食物安全局在2009年降低了喹啉黃、黃色5號、紅色6號的每人每日允許攝入量。

歐盟成員國則從2010年7月20日起，規定含這6種人工食用色素的食物都要加上「可能對兒童的行為及專注力有不良影響」的警告標語。除此之外，若使用的是鋁麗基色素，也會有含鋁的問題。因此要注意食物的成分，盡量避免使用人工食用色素，以免造成小孩的過動。

教孩子吃進需要的營養，認識食物紅黃綠燈

食物紅黃綠燈是一種簡單的分類，讓大家知道哪些食物應該盡量少吃，哪些只能偶爾吃，對小朋友來說也比較容易理解。利用這個概念，有很多方向可以延伸，因此可以找到很多不同版本，在這裡主要參考台中市政府衛生局的說明。

綠燈： 指的是可以經常吃的食物，通常是新鮮、天然、原味的食物，例如，全穀米飯、饅頭、豆腐、魚肉、蝦、文蛤、里肌肉、去皮雞肉、白煮蛋、荷包蛋、脫脂牛奶、新鮮蔬菜、水果等等。

黃燈： 指的是因為含油、糖、鹽較高，所以只能偶爾吃的食物，例如蛋炒飯、蛋餅、海綿蛋糕、芝麻湯圓、甜豆花、煎魚、鹹蛋、全脂乳、調味乳、低脂乳酪、未加糖的純果汁等等。

紅燈： 指的是低營養素、高熱量、高油、高糖、加工較複雜食品，應該盡量少吃，例如炸薯條、洋芋片、油條、炸地瓜球、鮮奶油蛋糕、臭豆腐、貢丸、火腿、汽水、冰淇淋、蜜餞、巧克力等等。

最新的扇形每日飲食指南

到底孩子一天該吃入哪些食物呢？在 2011 年因應國人飲食習慣，國內新版的飲食指南從梅花變成一把打開的摺扇。扇面為六大類食物，在名稱和份量上也略做調整。

水果類 增加至 2 至 4 份。

蔬菜類 增加至 3 至 5 碟。

「全」穀根莖類 份量則下修至 1.5 至 4 碗。

新版每日飲食指南

豆魚肉蛋類 強調植物性蛋白的重要性，份量則放寬為 3 至 8 份。

低脂乳品類 希望能降低脂肪的攝取，份量小幅上調至 1.5 至 2 杯，約 360 至 480 毫升，要注意的是兩歲以下的小孩不必刻意選用低脂乳品，更不要用脫脂乳品，因為這階段的脂肪需求量較大。

油脂與堅果種子類 希望能用堅果和種子取代一部分油脂的來源，份量為油脂 3 至 7 茶匙及堅果種子類 1 份。和舊版相比，油脂的單位從湯匙（15cc）變成茶匙（5cc），所以在建議量上是降低的。

在觀念上更大的不同，是在扇骨的位置畫了一個人騎腳踏車的圖案，並強調了人體大部分的組成是水，因此運動和飲水也都很重要。若要保持健康，飲食均衡、運動、飲水，三者缺一不可。

而新版的扇形每日飲食指南中，也針對兒童做出建議量，大家可以參考看看。不過份量的計算並不是以重量來計算的喔！舉例來說，20 克黃豆、30 克去皮雞胸肉和 140 公克嫩豆腐都算一份豆魚肉蛋類；而 420 公克的山竹和 35 公克的榴槤，都算一份水果，但重量上卻差了十倍之多（份量計算方式請參見 P40 蔬菜類·水果類 1 份參考示意表）。

此外，每個年紀的一日飲食建議量，都還可以再按照性別、活動量做細部的區分，因此重點還是放在飲食指南所提供的觀念，以及遇到過胖、過瘦、長不高、便秘、或貧血等問題的小孩時，可以有個標準當作對照，看看哪裡出了問題。如果小孩的生長發育都正常，也有把握住飲食指南的原則，就不用每天每餐都斤斤計較。

兒童一日飲食建議量

	3～6歲	6～8歲	8～12歲
全穀根莖類	2～3碗	2.5～3.5碗	3～4碗
豆魚肉蛋類	3～4份	4～6份	6份
低脂乳品類	2杯	1.5杯	1.5杯
蔬菜類	3份	3～4份	3～4份
水果類	2份	2～3份	3～4份
油脂與堅果種子類	4-5茶匙	4-5茶匙及堅果種子類1份	4-5茶匙及堅果種子類1份

連續運動 30 分鐘有助於長高。

第二章

這樣吃才正確
教孩子選擇外食

家長該懂得營養常識

「孩子正在長大，當然要多吃一點！」如果孩子吃得下，大概沒有父母會不許孩子多吃點，但這樣「多多益善」的觀念已經落伍了！隨著飲食西化，加上各類的糖果餅乾越來越多，五花八門的零食充斥在孩子的生活裡，不要說小朋友了，連大人都很難抵抗甜食和飲料的誘惑。即使撇開所謂「零食」，即使是生長所必須攝取的六大類食物，依據孩子年齡和活動量的不同，也有相對應的份量，不應該和成年人吃一樣的量。

1～2 年級學童一日飲食建議量

全穀根莖類（碗）	2.5～3.5
未精緻（碗）	1
精緻（碗）	1.5～2.5
豆魚肉蛋類（份）	4～6
低脂乳品類（杯）	1.5
蔬菜類（碟）	3～4
水果類（份）	2～3
油脂與堅果種子類	5～6
油脂類（茶匙）	4～5
堅果種子類（份）	1

（資料來源／衛生福利部國民健康署）

3～6 年級學童一日飲食建議量

歲數	9～12 歲			
生活活動強度	低		適度	
性別	男	女	男	女
熱量（大卡）	2050	1950	2350	2250
全穀根莖類（碗）	3	3	4	3.5
未精緻（碗）	1	1	1.5	1.5
精緻（碗）	2	2	2.5	2
豆魚肉蛋類（份）	6	6	6	6
低脂乳品類（杯）	1.5	1.5	1.5	1.5
蔬菜類（碟）	4	3	4	4
水果類（份）	3	3	4	3.5
油脂與堅果種子類	6	5	6	6
油脂類（茶匙）	5	4	5	5
堅果種子類（份）	1	1	1	1

（資料來源／衛生福利部國民健康署）

稍低

生活中常做輕度活動，如坐著畫畫、聽故事、看電影，一天約 1 小時不太激烈的動態活動，如走路、慢速騎腳踏車、玩翹翹板、盪鞦韆等。

適度

生活中常做中度的活動，如遊戲、帶動唱，一天約 1 小時較激烈的活動，如跳舞、玩球、爬上爬下、跑來跑去的活動。

如何計算孩子吃的「份量」？

由左下表得知孩子一天可吃的熱量、與需要吃幾份食物，但是「份量」到底該怎麼計算呢？簡單的來說可用下列的方式來估算。

全穀根莖類大約都是以家庭的小碗為單位（煮熟的蔬菜裝滿大同電鍋米杯 1 杯，大約就是一份蔬菜），計算上較不成問題。比較麻煩的是蛋豆魚肉及低脂乳品類，簡單來說，雞蛋 1 顆就是 1 份，魚和肉類 1 份則是女性食指、中指、無名指併起來的大小（約 35 公克，約一副撲克牌的尺吋），最常吃的嫩豆腐半盒、豆干 1.2 片也是 1 份，豆漿和牛奶 240c.c. 也是 1 份。

水果則以孩子自己的拳頭為基準，約拳頭大的水果就是 1 份；最後的堅果種子類，則是白色免洗湯匙的 1 湯匙，就是 1 份堅果。

如果覺得每餐要計算份量太麻煩，建議家長可以準備餐盤，把標準的份量以餐盤量好，例如：大格放青菜、中格放白飯、小格放肉類等，只要把六大類食物裝到盤中，就可以輕鬆讓孩子吃進適當的份量；或者也可參照下面（請參照 P40）的蔬菜／水果類 1 份參考示意表來約略估算份量。

蔬菜類 **1** 份參考示意表

種類蔬菜	青江菜	高麗菜	番茄	玉米筍	皎白筍
份量說明 （盤子約為 光碟大小）	4 株	2 片	1 顆	13 至 14 支（小）	2 根

種類蔬菜	白蘿蔔	紅椒	黃椒	青椒	牛蒡
份量說明 （盤子約為 光碟大小）	1/4 根	2/3 顆	2/3 顆	1 顆（小）	1/3 根

水果類 **1** 份參考示意表

水果種類	香蕉	蘋果	芭樂	水梨	紅西瓜
份量說明	1 根	1 顆	1/3 顆	3/4 顆	1/4 片

種類蔬菜	蓮霧	奇異果	釋迦	葡萄	柳丁
份量說明	2 顆	1 顆	1/2 顆	13 粒	1 顆

紅蘿蔔	洋蔥	黑木耳	竹筍	蘑菇
1/3 根（大型）	1 顆（中型）	8 ～ 10 片	1 顆	8 朵

菠菜	茄子	大白菜	白花椰
10 ～ 12 枝	2/3 根	4 片（小）	4 小株

黃西瓜	香瓜
1/3 片	3/4 顆

百香果	椪柑
2 粒	1 顆（中）

學會看食品的營養標示

　　了解孩子每天應攝取的熱量和六大類食物份數後，家長進一步應注意給孩子的食物上，營養標示都寫了些什麼。除了菜市場購買的蔬菜水果外，超市的穀片、麵包、冷凍饅頭、牛奶等，都會載明營養標示，會有熱量、蛋白質、碳水化合物和鈉。

　　特別要注意，營養標示通常會以「1份」為基準，整包或整瓶通常不只一份，因此要乘上整體的份數，才是吃下去的營養素，千萬不要以為餅乾一包只有 134 大卡，其實裡面有 5 份，全部吃下整整有 670 大卡！另外，從 104 年 7 月起，衛生福利部食品藥物管理署規定營養標示中新增「糖」的含量，就可以知道自己吃下了多少糖。至於營養標示裡提供了哪些資訊呢？

　　自 104 年 7 月 1 日（以製造日期為準）全面施行

- ·第一步：假設某瓶飲料的總容易為 400 毫升。
- ·第二步：以每 100 毫升作為基準值。
- ·第三步：那麼整瓶飲料所提供的熱量以及營養為標示上的 4 倍。

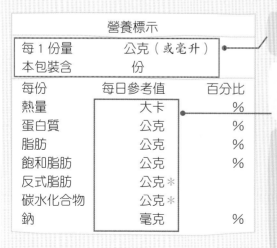

營養標示		
每 1 份量	公克（或毫升）	
本包裝含	份	
每份	每日參考值	百分比
熱量	大卡	％
蛋白質	公克	％
脂肪	公克	％
飽和脂肪	公克	％
反式脂肪	公克＊	
碳水化合物	公克＊	
鈉	毫克	％

宣稱之營養素含量
公克、毫克或微克 ％或＊

其他營養素含量
公克、毫克或微克 ％或＊碳水化合物

＊參考值未定訂：每日參考值熱量 200 大卡、蛋白質 60 公克、脂肪 60 公克、飽和脂肪 18 公克、碳水化合物 300 公克、鈉 2000 毫克、宣稱之營養素每日參考值、其他營養素每日參考值

舉例 2

　　・第一步：有一瓶飲料的營養標示如下

　　・第二步：內容量：400 毫升

營養標示	
每 100 毫升	
熱量	53 大卡
蛋白質	0.2 公克
脂肪	1.7 公克
飽和脂肪	1.6 公克
反式脂肪	0 公克
碳水化合物	9.3 公克
鈉	10.2 毫克

喝下整瓶 40cc 飲料，等於喝進：
- 熱量：53 ×（400 100）＝ 212 大卡
- 蛋白質：0.2 ×（400 100）＝ 0.8 公克
- 脂肪：1.7 ×（400 100）＝ 6.8 公克
- 　飽和脂肪：1.6 ×（400 100）＝ 6.4 公克
- 碳水化合物：9.3 ×（400 100）＝ 37.6 公克
- 鈉：10.2 ×（200 100）＝ 40. 毫克

舉例 3

　　・第一步：有一包餅乾的營養標示如下

　　・第二步：內容量：125 公克

營養標示	
每 1 份量 25 公克 本包裝含 5 份	
熱量	134 大卡
蛋白質	1.2 公克
脂肪	8.1 公克
飽和脂肪	4.1 公克
反式脂肪	0 公克
碳水化合物	14.1 公克
鈉	124 毫克

吃下整包餅乾等於吃下 5 份，等於攝取：
- 熱量：134 ×5 ＝ 670 大卡
- 蛋白質：1.2 ×5 ＝ 6 公克
- 脂肪：8.1 ×5 ＝ 40.5 公克
- 　飽和脂肪：4.1 ×5 ＝ 20.5 公克
- 碳水化合物：14.1 ×5 ＝ 70.5 公克
- 鈉：124 ×5 ＝ 620 毫克

注意！
有些產品內分有小包裝，但是不代表一小包裝就是一份喔！

外食不是罪 · 選對最重要

如果想要吃得營養又安全，自己煮當然是最好的選擇，但隨著雙薪家庭的增加，外食的比率越來越高，而且帶孩子出門玩，一定會有外食的機會，做不到餐餐自己準備，也不必太過自責，至少保持每天有一餐在家吃，能增加餐數自然是多多益善，如果真的做不到，則要好好把關孩子外食的選擇。

挑選外食的 5 個原則

原則 1 均衡飲食為原則

因為外食相對時安的風險會增加，因此先以均衡飲食為首選，才能獲得兒童成長發育所必須的營養素，避免營養素不均衡導致影響兒童身心的發展，當蔬果、全穀類吃的多自然也能達到排毒的效果。

原則 2 少加工食品 · 多原型食物

打開一般餐廳的「兒童餐」菜單，常看到薯條、小餐包當主食，主菜則是雞塊、培根、火腿、熱狗或漢堡肉的組合，搭配布丁或果凍當甜點，再來杯果汁，事實上，這樣的兒童餐是「完全不及格」的！

不管站在食安或營養的角度，外食儘量選擇加工程度低的食物，是最重要的原則。從主食來看，一般孩子不喜歡糙米偏硬的口感，可以選香甜的玉米、地瓜或南瓜、馬鈴薯泥，或是白飯或白麵也不錯，絕對比油炸薯條及加了許多調味料的餐包要好。

主菜就有更多選擇，香煎豬肉片、滷雞腿、烤鮭魚等，看得到原型肉類都很好，水煮蛋（茶

外食時應儘量選擇加工程度低的食物。

菜蛋）、炒蛋和煎蛋也很不錯，儘量避免吃熱狗等高度加工的肉品，除了攝取過多調味料之外，更不確定裡面參雜了哪些肉品，究竟是吃進肉類蛋白質的營養還是各種添加劑，真的不得而知，因此，就儘量讓孩子少吃加工食品。

原則 3 點餐別少了青菜

到了麵攤坐下來，檢視一下選好的點菜單，陽春麵、豆乾、滷蛋、豬頭皮、蛋花湯……是不是少了蔬菜？這是許多家長外食會遺漏的地方，如果當天有兩餐外食，唯一在家吃的早餐又只有幾片生菜，稍微不留意，孩子整天就只吃到一點點青菜！筆者家因為以在家吃為主，當外食我並不會刻意點青菜因為有時候覺得青菜很貴（跟自己煮比起來比較貴），但當外食比例高就一定要請父母餐餐重視蔬菜的攝取喔！

不管吃什麼類型的餐廳，義大利麵、美式餐廳、牛排等西式料理，可以點個生菜沙拉；麵攤就來份燙青菜；中式餐館記得炒 1 份青菜，外食的青

外食點餐時別漏了蔬菜。

營養 Q&A

美味滷肉飯，暗藏陷阱？

滷肉飯是國人最愛的國民小吃，但就營養的角度來說，並非理想選擇！在營養諮詢的經驗裡，很多兒童肥胖的孩子，不約而同愛吃滷肉飯，而且一餐還要來個 2 碗！滷肉飯都是帶皮、帶油的絞肉，吃起來才會油嫩夠味，雖說孩子的熱量控制不需要太嚴格，但 1 碗魯肉飯的油脂的熱量驚人，而且還加了許多重鹹的調味料熬煮，可能從小就養成重口味習慣，家長點餐前還是三思，儘量減少點滷肉飯的機會，以白飯為主。

菜選擇雖然不多，但只要有意識的選擇，幾乎都有青菜的選項，也能給孩子建立好的飲食習慣，久了以後，當全家外食少了青菜，小朋友還會主動提醒呢！

原則 **4** 別被套餐迷惑

雙人套餐、歡樂全家餐……外食菜單上總會有琳瑯滿目的套組，給予消費者較優惠的價格，吸引你點更多餐點，但是，可能大家都有經驗，點了套餐卻吃不下，丟掉又覺得浪費，只好拼命地把食物吃完，如果是全家人一起用餐，這個苦差事通常落在家長身上。因此，建議帶孩子在外吃飯時，應衡量好食量，如果孩子胃口本來就小，單點一些青菜和肉類，通常餐館給的主食（澱粉類）都較多，成人可和小孩共食，不要被便宜的價格迷惑，也替孩

營養 Q&A

孩子的飲料應選少糖、無咖啡因？

套餐除了無形中會吃下較多熱量外，搭配的飲料也是一大隱憂，基本上，未成年的孩子都不應該喝有咖啡因的飲料，例如：咖啡、茶，甚至可樂。咖啡因會影響大腦中樞，讓人覺得興奮、有精神，這些影響對尚在發育的孩子有害無益。

另外，則是飲料中隱含的「糖」，根據董氏基金會的調查，手搖杯飲料即使號稱半糖，仍可能含有11顆方糖的糖量！在一般飲食中不太容易攝取這麼多的糖，而飲料卻能大口喝下也不覺得甜膩，因此不選擇套餐，就能少喝1杯飲料，或是家人合併點選套餐分享，避免食用過量，另外不如為孩子點1杯牛奶或準備白開水，都是很好的選擇。

應避免讓孩子喝含咖啡因的飲料。

子點了一整份套餐，結果變成爸爸媽媽攝取過多熱量，反而得不償失。

原則 5 留意蛋白質攝取量

依照衛福部公告的標準，建議小學 1～2 年級的孩子每天攝取 4～6 份豆魚肉蛋類，還有 1.5 杯的低脂乳品；而小學 3～6 年級學童，則是 6 份豆魚肉蛋類加上 1.5 杯低脂乳品。仔細一看，飲食不均衡，有些兒童如果早餐吃全蛋（1 份）、中午吃便當的排骨（約 3 份）、晚餐又吃平價牛排 8 盎司（約 8 份），加起來一天至少吃了 12 份豆魚肉蛋類！有些兒童偏食、挑食只吃飯，或吃太少需注意蛋質攝取是否足夠。

很多家長會問，多吃蛋白質才會長大，有什麼不好？根據研究指出，近年越來越多孩童性早熟、荷爾蒙提早發育的原因，和飲食中過量的油脂和蛋白質有關。大家熟知吃太多炸雞會讓孩子提早發育，事實上，只要高蛋白質和高油都有一樣的問題，不吃炸雞，吃太多牛排、豬排、滷雞腿，依然會影響發育。蛋白質的確是身體所需要重要營養素，但過與不及對孩子都沒有好處，小朋友願意每餐吃光光很好，要做到均衡飲食，六大類食材份量則需要家長把關。

營養 Q&A

妳知道孩子今天吃下什麼食物嗎？

許多家長忙於工作，孩子們下了課會往安親班或保母家去，中餐和點心，有時候甚至連晚餐也在安親班吃完。筆者在做營養諮詢的過程中，發現有些家長對於孩子每天吃的內容和份量並不清楚，孩子也較難做到飲食均衡。因此，建議家長多花點心思，關心一下孩子的飲食內容，如果發現不是很均衡，可以跟安親班協調菜單內容。晚上回家也可以問問孩子今天吃了什麼，覺得哪樣食物好吃，也可趁機教育孩子什麼是好的食物、怎樣的食物最好少吃，也能增加親子相處的時光。

外食的選擇五花八門，每一種看起來都美味可口，但又擔心孩子吃得不夠營養，或是有食安方面的疑慮。其實，外食並非都不能吃，吃飯應該兼顧有彈性、多樣化、方便和愉快，每個家庭的作息和習慣也會有所不同，重點是如何在外食的情形下，挑選相對適合孩子營養、他們也願意吃的食物，下面以外食的菜單舉例，將飲食的內容分為紅、黃、綠燈（詳細分法請參見P34），家長就知道這餐吃得是否均衡，如果午餐不小心吃了紅燈和黃燈食物，晚餐就多吃綠燈食物，以「日」為單位，儘量維持均衡飲食。

紅黃綠燈，是筆者自己帶孩子在外食針對不同料理做一個簡單分法，因為這樣能讓同行的家人也能了解健康的外食分法，不是一個嚴格的學術分類，著重的點在於：

1. **均衡六大類的食物是否有攝取。**
2. **原型食物與加工食物。**
3. **熱量與調味料**（糖、鹽等食品添加劑）**是否過多。**

提供給家長做一個初步的分類讓大家比較能在外食中稍稍有一個方向能更了解健康飲食的概念，但仍鼓勵一周至少有三餐在家吃飯用餐，比外食更能做到健康飲食也比較能避免食安風險。

早餐 〔連鎖速食餐廳菜單參考〕

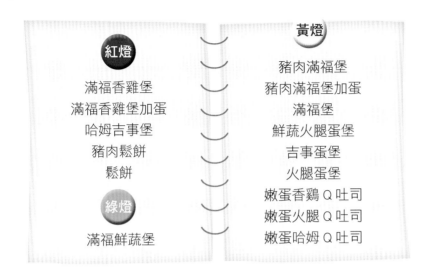

紅燈

滿福香雞堡
滿福香雞堡加蛋
哈姆吉事堡
豬肉鬆餅
鬆餅

綠燈

滿福鮮蔬堡

黃燈

豬肉滿福堡
豬肉滿福堡加蛋
滿福堡
鮮蔬火腿蛋堡
吉事蛋堡
火腿蛋堡
嫩蛋香雞Q吐司
嫩蛋火腿Q吐司
嫩蛋哈姆Q吐司

〔選擇建議〕

速食食品多已是加工品，最主要是熱量、油脂、鈉量相對太高，不利於兒童體重管理，並且相對攝取的蔬果纖維比例較少。不過，大型速食連鎖店漢堡肉的來源及製程其安全性有一定的規則與嚴謹，雖然是加工肉品，但相對來說較為安全，所以將歸類放在黃燈區。

又同類之下，如哈姆吉事堡為紅燈，吉事堡為黃燈，因哈姆相對為更加工肉品，較不適當；而香雞堡內的雞肉亦同，是絞碎後重新加工的肉品且為油炸，相對黃燈區，紅燈區的白質含量顯得過多。至於鬆餅為精緻的加工澱粉，吃下後血糖會快速上升，只吃鬆餅當餐沒有攝取到優質的蛋白質和蔬菜來平衡血糖，對健康影響較大。

黃燈區的食物幾乎都有雞蛋，至少麵包配上優質的蛋白質，豬肉滿福堡其蛋白質份量不會過多還算是及格的組合。此外，Q吐司系列都有生菜，也是放在黃燈的原因。

鮮蔬滿福堡的內容有麵包、蛋、蔬菜、番茄，符合蛋白質、澱粉和蔬菜的原則，也沒有加工的肉品，是這份早餐菜單中最理想的餐點，為綠燈。

早餐吃一個漢堡或三明治，對活動量、食量大的孩子可能不夠，可能會搭配個飲料或小點心，建議搭配牛奶、生菜沙拉或一小份水果，也都可以在速食餐廳裡買到。薯餅、薯條等，馬鈴薯是不錯的澱粉類，油炸有高熱量的疑慮，若孩子的 BMI 低，需要增加熱量的話，不妨可以點；但體重超標的小朋友，還是要避免油炸物。

替孩子選擇含有麵包、蛋、蔬果的早餐。

早餐 〔中式早餐店菜單參考〕

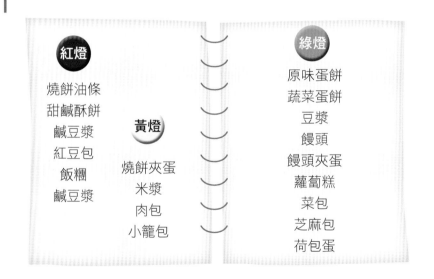

紅燈

燒餅油條
甜鹹酥餅
鹹豆漿
紅豆包
飯糰
鹹豆漿

黃燈

燒餅夾蛋
米漿
肉包
小籠包

綠燈

原味蛋餅
蔬菜蛋餅
豆漿
饅頭
饅頭夾蛋
蘿蔔糕
菜包
芝麻包
荷包蛋

〔選擇建議〕

中式早餐店中主食（澱粉類）較多，最均衡的選擇應是蔬菜蛋餅，包含澱粉、蔬菜和蛋白質。饅頭則是相對比較單純的主食，配上雞蛋更好，可惜缺少了青菜；蘿蔔糕也是還不錯的主食，品質好些的還能吃得到一點蘿蔔絲，

可增加一點纖維量；菜包裡的青菜是在中式早餐店可以吃到較多的蔬菜選擇。

　　燒餅的熱量比較高，但對於發育中的孩子來說，只要體重正常，還算是能接受的餐點，加上蛋可以延緩純澱粉讓血糖上升的速度比較均衡。肉包和小籠包的內餡是絞肉，並非優質的蛋白質，不過外面的皮成分較單純，所以歸類在黃燈食物。

　　至於最常見的飯糰，以糯米為主，裡面所包的料除了滷蛋外，幾乎都是肉鬆、菜脯、火腿、燻雞、海苔等調味重的加工品，如果又加上油條，熱量通常超過孩子每天總量的三分之一，以上再加上飲品很容易一個不小心，當天的熱量就會超過了！

饅頭＋豆漿是很不錯的早餐選擇。

　　煎餃除了內餡是絞肉外，外皮還要用油煎過；甜鹹酥餅的皮都以酥油製成，內餡多是紅豆、菜脯、醃漬蘿蔔絲等，高糖高油的內容；而紅豆包則是完全的澱粉類，內餡甜膩且高度加工，因此，這些食物才會被歸為紅燈食物，點餐時儘量避免。若食用紅豆包、芋頭包則建議搭配豆漿才能達到均衡有澱粉有蛋白質達到均衡營養，若是搭配米漿就會造成這餐的澱粉攝取過多喔！

　　豆漿是很好的蛋白質來源，尤其點純澱粉的蘿蔔糕、饅頭等，最好能搭配豆漿，別讓血糖一下衝得太高；米漿則是米類的原料加上花生粉等製成，基本上比較甜、熱量也高，如果小朋友喜歡米漿的甜味，不妨可先嘗試無糖豆漿和米漿各半，讓飲品的選擇更健康。雖然鹹豆漿較少孩子能接受，但家長還是要知道，鹹豆漿加了醋、鹽和醬油等調味料，通常還有菜脯及油條，該餐的鈉和熱量都會很驚人，當成飲料輕鬆的喝下，卻不知道無形增加身體許多負擔。因此若鹹豆漿不再另外加菜脯及油條與多餘的醬料，則可以晉升到綠燈區喔！

紅燈

鐵板麵
抹醬的厚片 / 薄片吐司
熱狗
火腿片 / 培根
雞塊 / 雞排
漢堡肉 / 肉鬆
香雞堡
咖啡
各式茶類

黃燈

火腿蛋堡
卡拉雞腿堡
鮪魚 / 玉米等加料蛋餅
花生醬厚片 / 薄片吐司
里肌捲餅 / 燒餅 / 可頌
薯餅
薯條

黃燈

起司
炒蛋
玉米濃湯
果汁
米漿
薏仁漿
巧克力飲品

綠燈

原味蛋餅
鮮蔬蛋餅
里肌蛋堡
里肌蛋餅
生菜沙拉
豆漿
鮮乳

〔選擇建議〕

在外食的原則中，高度加工品都屬於紅燈或黃燈區，因此厚切火腿不是好的選擇。另外，早餐常見的漢堡肉都是絞肉製成，絞肉是將不同來源的肉絞打後再塑形，無法得知肉品的來源，且會加入較多脂肪（肥肉），並且要添加較多的食品添加物；香雞堡內的雞肉亦同，是絞碎後重新加工的肉品且為油炸，熱量很容易超過孩子一天的攝取量，所以被列為紅燈區。

果醬或奶油的抹醬吐司，對血糖的影響較大。

至於肉鬆為增加肉鬆體積，而添加豌豆粉，但豌豆非肉類，因此需要添加各種調味料才能仿肉味，故列為紅燈區。

若以成人來說，油炸的卡拉雞腿堡應屬於紅燈，因熱量較高，不過除了皮之外，還是整塊原型的雞肉製成，仍然比絞肉製的雞排、漢堡排要來得好，所放在黃燈區。其中要注意的是，所有果醬或奶油的抹醬吐司，都是高糖分加上吐司的澱粉，對血糖的影響較大，而可搭配豆漿或牛奶，達到營養均衡。

營養 Q&A

花生醬的營養很高，早餐吃很好？

花生本身屬於堅果類，有不飽和脂肪酸和維生素 E，算是一種健康食品。但如果變成花生醬，就得注意兩個問題。第一個問題是花生醬的基本原料是花生再加上油，容易攝取過量的油脂，為了讓花生醬延展性較好多會加上和脂肪較高的棕櫚油，或含反式脂肪的氫化植物油。

另一個問題則是黃麴毒素。消基會曾在 103 年調查了 20 件花生醬的樣品，其中一半含有黃麴毒素，雖然還沒有超過目前規定的標準，但還是要避免長期累積而致癌。還好在這次的調查中，台灣製造的花生醬全數過關。因此如果能找到安全的來源，不要過度調味，並控制適當的塗抹量，在醬料裡面，花生醬算是相對不錯的選擇；像是花生醬抹在西芹上當點心也是一個很健康的選項喔！

至於花生醬油因脂較豐富，同時亦含有人體必需脂肪酸，且一般以為花生醬比果醬熱量來得高，如果仔細比較，會發現卡路里差不多，是因為要讓果醬夠甜，必須加入非常多的糖，熱量自然飆升，因此把花生醬放在黃燈區。奶酥抹醬雖然也是油脂，但多用氫化過植物油脂，也就是所謂的反式脂肪，容易形成體脂肪，因此不建議食用，若食用請用動物性天然的奶油。另外，起司雖然也有豐富的乳鈣，但鈉含量較高，所以屬於黃燈區食物。薯條與薯餅是澱粉來源雖然油脂高對於體重過重的小朋友不適合為紅燈，其他體位的小孩放在黃燈區。

總結西式早餐也應盡量先避開加工肉品，維持食材原型的里肌肉片、荷

吃烤吐司會致癌嗎？

前陣子，一篇烤吐司可能致癌的報導，因為數據上的誤植，在網路上引起軒然大波。吐司在烤的過程中會產生單氯丙二醇，30 公斤的小孩，一天的單氯丙二醇耐受量是 60 微克，而一份（100 克）烘烤 1 分鐘的全麥吐司含有 56 微克的單氯丙二醇，再多吃一點就會超標了。原本的新聞不小心把一份吐司寫成一片吐司，因此造成許多讀者的驚嚇。事實上，單氯丙二醇在致癌物分級屬於第二級 B 類，在人類的研究有限，在動物的實驗並沒有足夠證據會致癌。每日耐受量則是從動物毒性試驗得來的，再除以一個安全係數才是人體的耐受量。

不過話說回來，除了烤吐司之外，餅乾、起司、麥片、穀片、洋芋片、甜甜圈、烤雞、牛肉堡、醃製魚、義大利香腸、咖啡、化學醬油等等也都含有單氯丙二醇。因此如果光是在烤吐司這一項就吃到接近每日耐受量的上限，除非同時禁止其他食物，否則還是很可能超標。如果我們用推廣吐司不要烤太焦的角度來看這則新聞，那麼這個觀念其實是對的，只是會不會致癌還有待商榷。

除了烤吐司之外，醃製品也含有單氯丙二醇。

包蛋，都是很好的選擇；生菜沙拉則是攝取蔬菜的好幫手。筆者自己外食若點三明治會請商家不要包火腿，若是已包好的我就會先取出再食用，但也不建議太常選擇，外食會以營養均衡為原則之下另做紅、黃、綠燈選擇。

⚫ 營養師營養叮嚀，選擇相對安全的早餐

綜觀一般的早餐選擇，會發現澱粉和蛋白質是主力，蔬菜和水果少得可憐，如果想要讓三餐更均衡，就要特別補充。另外，通常早餐會選擇離家近、方便購買的店家，但基於食安的考量，會建議家長多換幾家早餐店吃，可以分散風險。雖然大型的速食連鎖店並非最好選擇，但作為指標審核的對象，在原料的使用上相對有保障；一般的傳統早餐店，不論中式或西式，皆很少公開上游廠商的檢驗資料，政府也尚未積極把關，因此很難得知食材的優劣和來源，就只能建議家長們分散風險，不要每天都吃同一家，或是一週挑幾天在家準備簡單的早餐，都是相對安全的作法。

> **中餐＆晚餐**
>
> 中午和晚上的兩餐，外食的選擇要比早餐多、時間較充裕，如果早餐很難兼顧均衡，家長不妨在中餐及晚餐的選擇下功夫。

〔便當菜單參考〕

紅燈
炸排骨飯
焢肉飯
蝦捲飯
黑胡椒牛肉飯

黃燈
卡拉（炸）雞腿
飯（帶皮）
雞排便當
三杯雞便當
滷排骨飯
烤雞腿飯

綠燈
滷雞腿飯
清蒸魚便當
肉片便當
卡拉雞腿飯（去皮）
燒烤雞腿飯（去皮）
菜飯便當
蔥油雞腿排便當
燒肉便當
蒜泥白肉飯

　　三小菜、一主菜配上白飯的盒裝便當，是台灣最常見的外食內容，通常主菜都是可以自己挑選，小菜不管固定搭配或自行挑選，儘量都選純蔬菜的內容，例如：空心菜、花椰菜、木耳炒香菇等，需考量豆乾、番茄炒蛋等含蛋白質的菜色，配上主菜後當餐的蛋白質是否過量，也儘量避免醃筍、麵筋花生等醃漬或重口味的菜餚。

　　主菜的部分則以蒸、滷、煮的烹調方式優先，炸烤其次，主菜大多是肉食，只要是完整、原型的肉類都可以。三杯雞、燒肉等烹調方式，通常會先炸過，尤其三杯又加上調味重、勾芡的淋醬，即使所用的雞肉都是完整成塊，但經過過度的烹調和調味，所以歸類在黃燈區。蝦捲則是打成漿的主菜，為高度加工品；控肉雖然是滷煮，但油脂的比例高，擔心孩子攝取太多飽和脂肪酸。

　　另外，便當熱量不低，若孩子要單獨吃一個便當，不和家長共食，建議請便當店老闆將飯量減一些，鼓勵孩子多把青菜吃完，免得主菜配飯就飽了。自助餐比便當選項更好，因為便當店提供的青菜份量不足夠，菜色和份量都可自行挑選。黑胡椒牛肉其調味料的鹽份很重，油脂也高因此例入紅燈區。

　　滷排骨飯雖然是滷蛋很多都是炸過再滷，可以再與商家卻認，避免吃進過多油脂，並且可觀察孩子吃完某家餐廳食物後是否會一直喝水或是脹氣，表示這家調味過重，或是使用的油脂不好或是油脂重複使用油炸次數太多，容易引起腸胃不適。燒烤雞腿飯若是能去皮也能列入綠燈區。

　　或者也可選擇 2 至 3 種含蛋白質的配菜混炒，如蕃茄炒蛋、芹菜炒豆腐、青椒炒肉絲代替單一雞排、豬排的選擇，可藉蔬菜混炒來減少大份量蛋白質的攝取。

中餐&晚餐 〔麵攤菜單參考〕

紅燈

貢丸 / 魚丸等各種丸類
湯品
紅燒肉
滷大腸
酥炸魚卵

黃燈

乾的麵 / 粄條
米粉 / 冬粉
油麵
皮蛋豆腐
油豆腐
滷肉飯
餛飩
鮮蝦 / 鮮肉水餃

綠燈

湯的麵 / 粄條 / 米粉 /
冬粉（不喝湯）
白飯
清燙章魚 / 軟絲 / 花枝
燙青菜
肝連肉
滷豆乾
滷海帶
滷蛋
菜肉水餃
蚵仔湯
酸辣湯
豬肝 / 肝連湯

〔選擇建議〕

　　光從乾麵和湯麵來比較，使用調味料的量可能差不多，只是乾麵會吃下比較多拌麵的油脂與鹽份；湯麵大部份的調味料都溶在湯裡面，不管家長或孩童，外食應不要喝湯，如果只吃湯麵裡的麵食，無論陽春麵、粄條、米粉和冬粉都是不錯的選擇，唯獨不建議吃黃色的油麵，常會添加黃色色素，額外的添加劑較多。小菜部分單純的燙青菜、肝連肉、軟絲或滷豆乾、海帶等，都是不錯的營養來源。

　　餛飩裡面包的是絞肉，需要再搭配青菜吃，高麗菜水餃等因為含有菜至少能提供較多的纖維，但對於體位超過的小孩，手工水餃一個大約 50 卡、機器水餃一顆約 30 卡，父母可計算一下孩子所需的份量，焢肉雖然是肉做的，但實際含有的蛋白質、鐵不高，多為油質居多。。

皮蛋豆腐中的皮蛋為高度加工品，吃單純的涼拌豆腐就是綠燈的選項，油豆腐則是外層油炸過，熱量較高。牡蠣、豬肝、肝連都是滿好的蛋白質來源，只是膽固醇高，但孩童比較不需考慮此點，但考量飲食是一種習慣，建議每週不要超過兩次的攝取頻率喔！酸辣湯是外食中裡有蛋絲、紅蘿蔔和木耳蔬菜的湯，材料都很不錯，可歸屬綠燈。

外食的湯基本上都屬於紅燈，尤其加上加工丸類，簡直是調味品和食品添加劑的大集合！滷大腸是內臟中油脂高、蛋白質營養價值低的種類，並不建議食用；酥炸魚卵除了膽固醇很驚人外，還有熱量過高的問題。紅燒肉是加工製成的肉品，並非原型食物，最好少吃，因為通常會加入較多食用色素。

外食不是罪・選對最重要

中餐&晚餐 〔日式料理菜單參考〕

紅燈

炸甜不辣 / 魚板等各式
加工丸類
生魚片 / 生魚握壽司
鮭魚子等生食、醃漬
手捲
蟹味手捲（蟹肉棒）
醃漬品

黃燈

炒烏龍麵
炸雞 / 炸蝦等炸物
烏龍麵
親子 / 牛 / 豬排丼
（蓋飯）
炸蝦 / 炸蔬菜
炸可樂餅
炸豆腐

綠燈

海鮮／肉類烏龍麵（不喝湯）	烤豬肉／牛肉／雞肉串
各式手捲	海帶絲
小黃瓜／蛋絲／紅蘿蔔絲	涼筍／蘆筍／秋葵沙拉
捲壽司	水煮毛豆
煎蛋／玉米沙拉／烤魚等	玉子燒
熟食握壽司	茶碗蒸
豆皮壽司	蛤蜊／蜆／味噌湯
烤秋刀魚／鯖魚等各式烤魚	

〔選擇建議〕

　　以外食餐廳來比較，日式料理是不錯的選擇，較少加工的肉類，至於生食的部分就看家長怎麼拿捏，目前台灣並沒有建議幾歲以上的孩子可以吃生食，而國外韓國和日本的一些兒童書籍有寫道 7 歲以上的孩童吃生食相對安全，因為生魚片可能會有寄生蟲、細菌、病毒寄生的風險，如果家長擔心衛生安全，除了生魚片、生魚卵之外，壽司捲、豆皮壽司、湯烏龍麵（不喝湯）等，選擇性很多。

　　日式料理店的小菜以炸物、烤物和涼拌為多，炸烤的熱量較高，孩童發育正需要熱量，可以適度吃一些；至於涼拌菜就是很棒的選擇，不過要注意調味料的多寡，日式料理的口味都偏鹹，不管是烏龍麵湯或其它湯品，還是不喝為好。炸甜不辣與魚板相對是油炸又是加工品，但有些高級甜不辣試用的是真材實料就建議食用。

　　最後則是蛋白質和澱粉份量的控制，蓋飯、烏龍麵的主食份量都很多，加上豬排、雞蛋（茶碗蒸、玉子燒）、烤肉……大量的蛋白質，一不小心就會吃超過當天建議的份量可分食食用。以連鎖握壽司的份量為例，一盤 2 個壽司約 30 至 100 大卡，若粗估一盤 50 大卡，吃 10 盤至少 500 大卡，熱量很好估計，熟食握壽司是很不錯的選擇。

成長中的孩子可以適度攝取烤魚。

紅燈

肉醬三明治 / 貝果
火腿
美式鬆餅
培根
德式香腸
炸起司球 / 雞塊 / 魚條 /
花枝丸等炸物拼盤
調味洋芋片
炸薯餅
碳酸飲料
各式茶類
各式咖啡

黃燈

果醬 / 奶油等抹醬貝果
起司
炒蛋
歐姆蛋捲
炸洋蔥圈
炸雞
濃縮果汁
水果冰沙
法國土司

綠燈

原味 / 堅果 / 果干 /
全麥等調味貝果
里肌肉漢堡 / 三明治 /
貝果
水波蛋三明治 / 貝果
乾煎肉片
馬鈴薯泥
水波蛋

炒蛋
烤馬鈴薯
水煮蛋 / 太陽蛋 / 荷包蛋
生菜沙拉
現打果汁
牛奶
無調味玉米片

外食不是罪，選對最重要

〔選擇建議〕

美式餐廳的餐點組合較靈活，以麵包類為外皮，裡面夾的餡料有多種組合；另外就是早午餐形式，盤子裡的肉類和澱粉類可自由選擇，再配上一杯飲料。麵包類的首選為貝果、法式長棍麵包、全麥吐司，其次就是帕尼尼、白吐司等較精緻的麵包類，最不建議的是美式鬆餅（圓形薄片）、甜甜圈、可頌、口感鬆軟者。

不管是麵包內夾的餡料或早午餐內容，都以「是否加工」和「烹調方式」來決定好壞，雞蛋是美式料理不可或缺的主角，水波蛋、荷包蛋一定比炒蛋好，同理可證，馬鈴薯泥一定比炸薯條優質，薯餅會被歸到紅燈，是因為烹調方式調味太重、

高糖、口感鬆軟的甜食不建議孩子食用。

油脂又多，薯餅要先炸過，再用調味料去炒或烤，口味較鹹。飲料則比其它餐廳的選擇更多，通常都會有牛奶和現打果汁。

不過，筆者要提醒，不管再怎麼選，美式料理的熱量和油脂含量，的確比其它種類的食物來得多，建議減少到美式餐廳吃飯的機會，1～2個月去一次，是比較適當的頻率。

紅燈

炸雞塊 / 肉丸 / 火腿 /
培根 / 香腸等配料
酥皮玉米濃湯
碳酸飲料
各式茶類
各式咖啡

黃燈

焗烤義大利麵 / 飯
青醬 / 白醬義大利麵
千層麵
玉米濃湯
厚片比薩
可爾必思
濃縮果汁
青醬 / 白醬 / 紅醬燉飯

 綠燈

清炒 / 紅醬義大利麵
蔬菜 / 菇類 / 番茄等蔬菜
類配料
蛤蜊 / 花枝 / 貝類 / 帶殼
蝦等海鮮配料
薄片比薩
番茄肉醬義大利麵
生菜沙拉

〔選擇建議〕

義大利麵條本身是很不錯的主食，優劣取決於淋的醬汁和烹調方法。青醬和白醬加了很多奶油，熱量會比紅醬、清炒來得多，而麵條的類型也會稍微影響，傳統直麵較不易吸附醬汁，但天使細麵（軟細型的義大利麵）、筆管麵、蝴蝶麵等有造型的麵條，會吸附較多醬汁，如果孩子喜歡造型麵條，儘量選紅醬和清炒。

麵條也儘量不要選擇三色麵，因為多添加人工色素以顯色。

焗烤雖然熱量很高，但鈣質還量還不錯，一杯 240c.c. 的牛奶約有 252 毫克的鈣、130 毫克的鈉；而

清炒的義大利麵條是很不錯的主食。

一片正方型起司含有鈣質 120 毫克、鈉 318 毫克（高鈣起司 1 片約 290 毫克的鈣、鈉 330 毫克），可見起司的鈣質雖然不低，但鈉含量很驚人，務必注意份量。至於有些胃口很差、體重輕的小朋友，只要遇到焗烤、比薩就吃得津津有味，就不用顧慮太多，不妨點些蔬菜雞肉焗烤飯（麵），鼓勵他多吃一點。

燉飯的香味十分誘人，因為所有的米粒都吸飽了醬汁，比起義大利麵，熱量和調味品的攝食量都大增，才會被歸類為紅燈食物。

每家餐廳都會有套餐升級的方案，讓消費者感覺能花少少的錢就享受更多的美食，但要提醒家長這個年代是熱量過剩的年代，孩子常吃不完的食物很容易也倒入我們父母的肚中，因此，套餐合併一起點，不用每個人都點，可省荷包和不會增加腰圍。

起司含鈣‧鈉表

食物	牛奶	起司	高鈣起司
量	240c.c	1 片	1 片
鈣	252 毫克	120 毫克	290 毫克
鈉	130 毫克	318 毫克	330 毫克

3 菜 + 1 湯

魚、肉、海鮮　　蛋白質 + 青菜混炒　　豆、蛋　　含青菜的湯

外食時點含有青菜的單品可增加膳食纖維。

紅燈

肉絲／蝦仁等加料紅燒
／糖醋魚或肉類
炸湯圓
魚翅／干貝羹
九轉肥腸／五更腸旺

黃燈

蔥爆羊肉／牛肉
滷豬腳
無錫排骨
菜埔蛋
螃蟹米糕
佛跳牆
豆瓣魚
醉雞／醉蝦
炒飯

綠燈

炒青菜
青椒牛肉絲
雞湯／魚湯
烤鴨肉夾餅（少醬）
蒸魚
涼拌雞絲
家常豆腐
燙白蝦
九層塔／蔥花蛋

〔選擇建議〕

　　中式料理博大精深，還分為台菜、川菜、湘菜、上海菜等，基本上，不會刻意讓孩子吃辣，太過刺激的菜餚就先去排除（例如：宮保雞丁），同樣可以烹調的方法和加工程度來分辨，比較特別的是，中式料理有很多糖醋、三杯等料理方式，多用勾芡和羹湯，無形中增加熱量外，也多攝取了精緻澱粉，如果真的想吃，當餐點 1 至 2 道即可，不宜多吃。

　　醉雞／醉蝦以酒入菜對於 3 歲以下的小孩還是不太適合，中式料理的好處是有青菜可以點，增加膳食纖維的攝取，建議兩個小孩為一大人，再加上父母，點菜量為 3 菜 +1 湯量，3 菜中可以一道以魚、肉、海鮮為主，純青菜一道，豆、蛋選一道或是一道青菜配蛋白質的混炒以增加蔬菜量，湯品以含有青菜的為主選，不要每桌都是蛋白質類（豆、魚、肉、蛋）的食物會造成營養不均衡，容易缺乏人體需求的維生素與礦物質、膳食纖維缺乏。維生素與物質也會響學習狀況。

中餐&晚餐 〔其他料理菜單建議〕

　　小火鍋、壽喜燒也是常見的外食，火鍋儘量選口味清淡的湯底，番茄湯、昆布湯都不錯，壽喜燒是以稀釋的鹹醬汁為底，要注意會越吃越鹹，建議讓孩子搭配無咖啡因的麥茶、白開水，或是一鍋壽喜燒、一鍋清湯火鍋，平衡味覺。

　　火鍋通常會給青菜、肉片和各種丸類，可與店家商量是否可將丸類換成青菜，由於不清楚店家清洗的過程，蔬菜中的農藥可藉由氽燙減去，但湯中就會有農藥，因此火鍋湯儘量不喝。放入材料時，可先煮完青菜再燙肉，以免煮蔬菜時吸附浮在湯底上的煮肉油脂，白白增加熱量的攝取。至於搭配的澱粉主食，可以吃白飯、烏龍麵、冬粉都很好，王子麵、年糕的熱量相對高。

　　另外，很多家庭喜歡逛夜市，肉圓、蚵仔煎、水煎包和潤餅等小吃，也是孩子們的心頭好，這些小吃的問題是量少但熱量高，可能還沒吃飽熱量就超過了，如果小朋友的食量小，偶一為之無妨，且儘量選擇裡面有包青菜的小吃，例如：高麗菜水煎包、蔬菜潤餅等，不過，還是要控制食用小吃的頻率，不宜常吃。因多為高油脂、高澱粉但缺乏優質蛋白質，有調查顯示，成年人膽固醇息肉也會與這些台式高油脂有關。

營養叮嚀，嘗試一口，飲食更開闊

　　每個人都會有飲食偏好，家長也不例外，有外食的機會時，不妨點一些平常自煮較少接觸的食材，例如：秋葵、納豆、山蘇、烤鴨等，或是覺得料理海鮮很麻煩，就趁外食的機會多吃，甚至像焗烤田螺這樣家裡不容易料理的食物，都可以鼓勵孩子嘗試味道。從小培養孩子對各種食材的認識和好奇心，孩子會比較容易接受「沒見過」、「沒嘗過」的食物，對於以後多元攝取營養、避免偏挑食，會有很大的影響，爸爸媽媽也可以跟著孩子多吃點以前沒嘗過的味道！

　　因為孩子們還在發育、活動量又大，下午難免會肚子餓，點心的選擇就很重要！基本上，洋芋片、餅乾、傳統糕餅等，高糖、高油、多食品添加劑的食物，應該慢慢從孩子的飲食習慣中拿掉。水果刨冰、紅豆甜湯、豆花等，相對是較好的選擇，如果孩子願意接受，新鮮水果優格、烤地瓜配豆漿、水煮玉米等，是最推薦的點新組合。

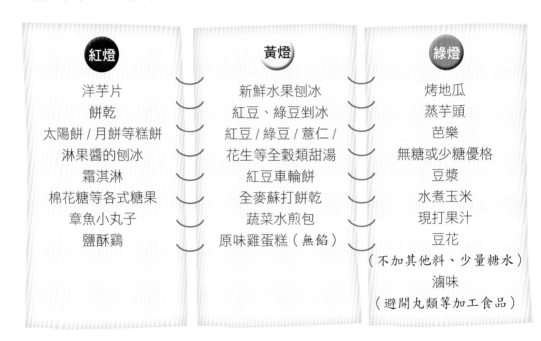

紅燈
洋芋片
餅乾
太陽餅 / 月餅等糕餅
淋果醬的刨冰
霜淇淋
棉花糖等各式糖果
章魚小丸子
鹽酥雞

黃燈
新鮮水果刨冰
紅豆、綠豆剉冰
紅豆 / 綠豆 / 薏仁 /
花生等全穀類甜湯
紅豆車輪餅
全麥蘇打餅乾
蔬菜水煎包
原味雞蛋糕（無餡）

綠燈
烤地瓜
蒸芋頭
芭樂
無糖或少糖優格
豆漿
水煮玉米
現打果汁
豆花
（不加其他料、少量糖水）
滷味
（避開丸類等加工食品）

依孩子的胃口和體重來選擇飲食

舉了這麼多紅黃綠燈的例子，有些家長會覺得很麻煩，其實只要牢記少加工、合適份量、多蔬果和原型食物這幾個原則，不一定要一板一眼按照營養師的建議分類點菜，而是要找出家長和孩子喜歡吃又相對健康的組合，最簡單的方式，就是檢查每餐是否有肉、有菜、有澱粉，並且最好是菜多、優質蛋白質多，澱粉適量才會飽，以上都具備基本上就接近及格。而在熱量的換算上，家長也不必斤斤計較，應該依孩子的胃口和體重來選擇份量與烹調方式。

大型速食餐廳會提供熱量和營養素含量表，家長不妨多看兩眼，會發現有些暗藏的熱量在裡面，例如：絞肉、沙拉醬等，只要記得這些高熱量食物的特色，就不怕誤吃地雷，攝取一堆油和糖，現代人是要吃得巧不是吃得飽，孩子需要的不止是熱量需要來自天然食物中許多維生素、礦物質才能啟動大腦智慧的運行，身體健康的長大。

最後，營養師要提醒家長，吃飯是一件開心的事情，別因為過度擔心而綁手綁腳，吃每餐飯還要算數學、充滿焦慮，只要爸爸媽媽有心注意孩子們的飲食內容和習慣，願意付出耐心一起改善，就是好的開始！

算一算你吃進了多少熱量呢？

外食時也應盡量選擇較天然的食材，較不易發胖。

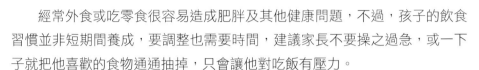

　　經常外食或吃零食很容易造成肥胖及其他健康問題，不過，孩子的飲食習慣並非短期間養成，要調整也需要時間，建議家長不要操之過急，或一下子就把他喜歡的食物通通抽掉，只會讓他對吃飯有壓力。

　　應該將孩子討厭的蔬菜，儘量代換相近的營養素，例如：不吃菠菜，可以吃地瓜葉，都是深綠色蔬菜，不一定要強迫孩子吃最討厭的那樣食材；或是把喜歡和討厭的混在一起，不愛青花菜但喜歡南瓜，可以把青花菜剁碎放在南瓜泥裡，一起做成南瓜餅，孩子接受度會高很多；但孩子現在不喜歡不代表永遠不喜歡，所以可以和孩子溝通，不喜歡吃的，吃一口就好，讓他願意接觸這個食材即可，說不定哪一天他就可以接受了，對於比較執著的孩子就先不用勉強以免傷了親子關係，先用顏色替代法的食物儘量去做替換。

　　如果發現孩子的體重已經超標，該怎麼辦呢？這類型的孩子通常有兩種傾向，1.不管給多少食物都吃得下、食慾很好。2.只吃自己愛的，偏挑食嚴重，通常愛吃高油高糖。

 ## 食慾旺盛的孩子：高纖低熱量、慢慢減少食量

　　這一類孩子生性食慾較好，我們就需要從小替他的食量把關，不能讓他不管什麼時候要吃、想吃什麼、要吃多少都隨他，孩子若沒有定時定量進食的習慣，如果口慾比較強，食量就會越來越大。

　　家長首先要先檢視孩子一天到底吃了哪些食物，把所有含糖、高油脂的食物先逐步去除，例如：飲料、炸物、糖果、冰品和包裝零食。由於這些食物都很好吃，馬上要孩子完全不吃很難，建議先以代替

將蔬菜切碎變成孩子喜歡的食物。

的方式，如果下午習慣吃麥當勞薯條配可樂當點心，不妨先由薯條配水果開始，再逐步到備 1 小碗綠豆湯和 1 顆蘋果代替，全穀類綠豆搭配水果當點心，飽足感十足、還能補充纖維量，最重要的是熱量少了很多！

　　正餐方面，則用定量的方式給予，不要因為這餐他愛吃咖哩，就多吃 1 碗飯，而是每餐都要定量，並多以全穀類當主食，可以增加飽足感，如果孩子吃完了喊餓，可在餐與餐之間以清燙蔬菜拌點和風醬（玉米筍、小黃瓜等），或是適當的水果當點心，容易飽而且熱量低，主要是減少孩子零食的進食量，當然，同步增加孩子的活動量也是一個方法，但要小心動得多又容易餓，吃錯選項反而更胖，建議先選高纖低熱量天然的食物為主。

　　簡單來說，媽媽可以先上青菜，讓孩子在饑餓狀態時先多吃點青菜充飢，接著再上蛋白質食物，並事先分配好份量，再放置於餐桌上，避免孩子不知節制的吃光光。

愛吃零食的孩子：補充健康點心

　　這類愛吃零食、偏挑食的孩子就需要多花點心思，第一步先找出問題點為何，再來個個擊破，有些孩子下課習慣先吃零食，當然正餐吃不下；而有的孩子是偏食，不喜歡吃菜只喜歡吃炸雞、炸豬排。

　　愛吃零食的孩子，一定要先養成三餐定食的習慣，如果下午真的想吃點心，也要準備比較健康的食物，例如：馬鈴薯沙拉、木瓜牛奶、香蕉、優格、堅果等，而

從吃高纖低熱量、減少食量開始替孩子控制體重。

不是放任孩子吃洋芋片、巧克力等；正餐時間如果孩子願意，可以比平常多吃一點，肚子不餓就大大減少吃零食的機率。

　　至於偏挑食的孩子，家長可先從他比較能接受的蔬菜開始，如果喜歡高麗菜，就吃高麗菜炒豬肉片鼓勵孩子吃肉的同時多吃點菜，並且在正餐中減少炸、烤等油脂較多的料理方式。

孩子需要喝脫脂奶嗎？

由於成年人已經脫離成長期，為避免肥胖，在熱量攝取上會比孩子更嚴格，因此營養師多會建議成年人喝低脂奶，但孩子們尚在發育，如果沒有體重過重、BMI 過高或腰圍太粗的問題，不需要特別喝脫脂奶，全脂與低脂牛奶中保留更完整的脂溶性維生素，幫助營養更均衡，2 歲以上就可以喝低脂。

一般來說，孩子的運動量大約都落在稍低和適度（**比稍低還少則為「低」**），除非有加入校隊訓練或運動培育的孩子，否則每天吃的份量不脫表格中的建議份量。至於，有些孩子的體重已經過重，就需評估導致體重過重的原因，再對症改善生活型態。怎麼知道孩子的體重是否過重？可參考右頁 BMI 值對照。

兒童及青少年生長身體質量指數（BMI）建議值

年紀	男性				女性			
	過輕	正常	過重	肥胖	過輕	正常	過重	肥胖
7.0	13.8	13.8 ～ 17.9	17.9	20.3	13.4	13.4 ～ 17.7	17.7	19.6
7.5	14.0	14.0 ～ 18.6	18.6	21.2	13.7	13.7 ～ 18.0	18.0	20.3
8.0	14.1	14.1 ～ 19.0	19.0	21.6	13.8	13.8 ～ 18.4	18.4	20.7
8.5	14.2	14.2 ～ 19.3	19.3	22.0	13.9	13.9 ～ 18.8	18.8	21.0
9.0	14.3	14.3 ～ 19.5	19.5	22.3	14.0	14.0 ～ 19.1	19.1	21.3
9.5	14.4	14.4 ～ 19.7	19.7	22.5	14.1	14.1 ～ 19.3	19.3	21.6
10	14.5	14.5 ～ 20.0	20.0	22.7	14.3	14.3 ～ 19.7	19.7	22.0
10.5	14.6	14.6 ～ 20.3	20.3	22.9	14.4	14.4 ～ 20.1	20.1	22.3
11	14.8	14.8 ～ 20.7	20.7	23.2	14.7	14.7 ～ 20.5	20.5	22.7
11.5	15.0	15.0 ～ 21.0	21.0	23.5	14.9	14.9 ～ 20.9	20.9	23.1
12	15.2	15.2 ～ 21.3	21.3	23.9	15.2	15.2 ～ 21.3	21.3	23.5
12.5	15.4	15.4 ～ 21.5	21.5	24.2	15.4	15.4 ～ 21.6	21.6	23.9
13	15.7	15.7 ～ 21.9	21.9	24.5	15.7	15.7 ～ 21.9	21.9	24.3
13.5	16.0	16.0 ～ 22.2	22.2	24.8	16.0	16.0 ～ 22.2	22.2	24.6
14	16.3	16.3 ～ 22.5	22.5	25.0	16.3	16.3 ～ 22.5	22.5	24.9
14.5	16.6	16.6 ～ 22.7	22.7	25.2	16.5	16.5 ～ 22.7	22.7	25.1
15	16.9	16.9 ～ 22.9	22.9	25.4	16.7	16.7 ～ 22.7	22.7	25.2
15.5	17.2	17.2 ～ 23.1	23.1	25.5	16.9	16.9 ～ 22.7	22.7	25.3
16	17.4	17.4 ～ 23.3	23.3	25.6	17.1	17.1 ～ 22.7	22.7	25.3
16.5	17.6	17.6 ～ 23.4	23.4	25.6	17.2	17.2 ～ 22.7	22.7	25.3
17	17.8	17.8 ～ 23.5	23.5	25.6	17.3	17.3 ～ 22.7	22.7	25.3
17.5	18.0	18.0 ～ 23.6	23.6	25.6	17.3	17.3 ～ 22.7	22.7	25.3

（資料來源／衛生福利部國民健康署）

媽媽手記

第三章

健康聰明吃
飲食的選擇

主食，顧名思義就是人類主要的食物，主成分是澱粉，可以把主食想像成人體最無負擔的環保燃料。澱粉會轉化成葡萄糖，葡萄糖的成分很簡單，就是碳、氫、氧而已，加上氧氣燃燒產生熱量之後，最後的產物只有二氧化碳和水，非常環保而且有效率。

雖然脂肪和蛋白質也可以拿來當人體的熱量來源，但往往需要經過層層的轉換。而且脂肪如果攝取過多，對心血管也不好，就像阻塞了引擎的管路一樣。如果用蛋白質來提供身體熱量，就像拿木製家具當柴燒，很浪費，身體通常只有在逼不得已的時候才會這樣做。

最重要的是，人體還有非常挑食的腦細胞，不僅挑食而且嬌生慣養。腦細胞自己不會製造葡萄糖，但是又一定要吃葡萄糖或酮體當能量的來源，其他食物一概不吃。因此如果沒有足夠的葡萄糖供應，或體內來不及生成時，

營養 Q&A

即食穀片很方便，適合天天當早餐嗎？

第一個要注意的是額外添加的糖，這些糖所提供的熱量有時可高達即食穀片總熱量的三分之一以上。如果添加的是果糖，很容易在體內轉換成脂肪，促進三酸甘油酯的上升。其他要注意的還有為了吸引孩子目光所添加的色素，還有鹽、脂肪、調味劑等等，這些都要盡可能避免。最後要注意的是即食穀片就算搭配牛奶，還是未能達到飲食的均衡，只能偶一為之；但市售的天然燕麥片是可以食用的健康食材之一。

穀片搭配牛奶是偶爾可食用的早餐。

就只能靠酮體來維持腦部的清醒了。

酮體是由脂肪酸而來，但是體內如果有太多酮體也不好，會造成酮酸血症、酮酸尿症等。小孩子有時只是因為生病而有幾餐吃比較少，在驗尿時就可以發現酮體的存在，代表身體已經啟動酮體的救援模式了。

不過不用擔心會一下子就跳到酮酸中毒的程度，因為飲食中要完全避開醣類食物也不是那麼容易。而且對小孩子來說，除非是罹患第一型糖尿病而無法正常分泌胰島素，否則身體還是會克制一下酮體的生成，不至於失控爆衝到造成酮酸中毒的程度。

全穀根莖類怎麼吃？

在 2011 年新公布的每日飲食指南裡，已經把「五」穀根莖類改名成「全」穀根莖類了，而且大人的建議量也從每日 3 到 6 碗，降低至 1 碗半到 4 碗。這樣的改變，除了反映

給小孩的全穀米可以煮軟爛一點。

了現代人活動量的降低，熱量不需要太多，也希望大家能更注意到「全」穀的好處。

全穀指的是包括糠層或麩皮、胚芽、及胚乳的穀物。穀類可分成禾穀類和仿穀類，禾穀類包括稻米、小麥、玉米、燕麥、大麥、裸麥或黑麥、高粱、小米、薏苡仁、菰米或野米、畫眉草籽、黑小麥、非洲小米、加那利子等；仿穀類則包括莧米、蕎麥、藜麥等。

以稻米中的維生素 B1 含量為例，在從稻米到白米的精製過程中，除了最外面的糠層原本就不能吃以外，從糙米去除麩皮變成胚芽米，和從胚芽米去掉胚芽變成白米的這兩個步驟，維生素 B1 的含量都一再減半。除此之外，在纖維、鈣、鐵、維生素 B2、和維生素 E 的含量上，糙米都要比白米多得多。

在每日飲食指南裡，希望全穀能占主食類的三分之一以上。不過要提醒一下，糙米比較不容易消化，給小孩子吃可以煮軟爛一點，而且也不要一下子就吃太多，應該慢慢增加以求能逐漸適應（可先從1/3杯、1/2杯開始增加）。如果吃完發現小孩有嚴重脹氣，不用堅持一定要小孩吃多少糙米，畢竟其他食物還是有這些營養素，可以等到小孩能充分咀嚼之後，再來好好嘗試，同時注意水份攝取，避免纖維質過多，水份不足，反而易引發便秘。

為什麼發芽的馬鈴薯不能吃？

因為發芽的馬鈴薯含有龍葵鹼，一種帶有劇毒的生物鹼。曾有人在大賣場買了發芽的馬鈴薯，吃完後覺得頭暈不舒服，也有人吃薯條後覺得嘴巴發麻、噁心想吐，最後檢測發現薯條的龍葵鹼超標 10 倍以上。龍葵鹼還會造成頭痛、嘔吐、腹痛、腹瀉、低血壓、昏迷、抽搐、昏迷甚至死亡。因此馬鈴薯一旦發芽就該整顆丟棄，即使把發芽的部位削掉，剩下的地方也不能吃，因為龍葵鹼早已經散布到整顆馬鈴薯裡了。馬鈴薯在居家保存時有個小祕方，可以將馬鈴薯和蘋果用夾鏈袋包在一起，利用蘋果釋放的乙烯氣體來延遲馬鈴薯的發芽。

選購馬鈴薯時需注意是否有發芽。

炸薯條健康嗎？

炸薯條會被認為不健康，其實是因為「油炸」的烹調方式，但長久下來，已經讓人容易把馬鈴薯和垃圾食物聯想在一起了。馬鈴薯的營養成分有澱粉，蛋白質、脂肪、纖維、維生素（以維生素 C 的含量最高）、礦物質（以鉀的含量最高）等等。從這些營養成分看來，馬鈴薯應該是健康食物才對。

有時在新聞報導中，會看到說炸薯條有致癌物丙烯醯胺，吃了以後會增加致癌機率等等。不過其實丙烯醯胺對動物來說會致癌，但對人類則尚未證實會導致哪種癌症，反而有許多論文證實若是家裡自製「不會」導致哪種癌症。至於神經毒性和影響生育這方面的問題，則要達到我們平均攝取量的 500 到 2000 倍才會發生，因此一般人不用過於緊張。

馬鈴薯本身是健康的，但油炸的食物還是少吃為妙喔！

營養診療室——正確吃豆魚肉蛋

　　豆魚肉蛋類，最重要的是提供我們人體所需要的蛋白質，是每天不可或缺的食物。如果缺乏蛋白質，不僅會降低人體的免疫力，在發育階段還可能因此長不高。除了這些食物以外，還有乳製品也可以提供我們優良的蛋白質。

　　「豆、魚、肉、蛋」的順序其實是有玄機的，以前的順序是「蛋、豆、魚、肉」，但在 2011 年公告的每日飲食指南中，為了強調植物性蛋白的重要性，把豆放到了最前面，以平衡一下國人過度依賴肉類提供蛋白質的飲食習慣。

　　如果只用單一食材來做比較，動物性蛋白的來源，例如肉類，擁有較完整的必需胺基酸，而植物性蛋白的來源，例如豆類，就缺乏了甲硫胺酸。但如果打團體戰，搭配多種植物性蛋白來源，例如黃豆和糙米加在一起，就能截長補短，補齊所有的必需胺基酸了。

豆類怎麼吃？

　　豆魚肉蛋類裡面的豆類，指的是黃豆，因為著重的是蛋白質的營養。從必需胺基酸的角度來看，黃豆只缺少了甲硫胺酸，而且甲硫胺酸並不難從其他食物當中補足。至於紅豆、綠豆、花豆、蠶豆、皇帝豆則是屬於全穀雜糧類，雖然名稱一樣有豆，但不能一概而論。

　　除了黃豆以外，還有毛豆和黑豆也算豆魚肉蛋類，為什麼呢？曾看過一則兒童繪本裡的故事，森林裡的大野狼遇見戴著小綠帽的的小女孩，小女孩不慌不忙地跟大野狼說，我是小綠帽，還沒成熟變成小紅帽，所以不能吃我。其實毛豆就是尚未完全成熟的黃豆，在最後的成熟過程中會脫水，變成較小且較硬的黃豆。毛豆、黃豆、和黑豆都屬於大豆，黑豆則是因為外皮有花青素所以呈現黑色。

黃豆、毛豆、黑豆著重的都是蛋白質營養。

喝豆漿好還是牛奶好？

兒科醫師常會被家長問到，如果小孩不喝牛奶，可以改喝豆漿嗎？這問題其實有點複雜，要一點一點說明：

❶ 1 歲以下可以喝豆漿，但只能當作副食品的一種，而非拿來試圖取代母奶或嬰兒配方奶，原因除了鈣質不夠之外，豆漿也不能滿足全部的必需胺基酸。

★ 如果是因為個人偏好而不想喝以牛奶蛋白為基礎的嬰兒配方奶，可以改喝以豆精蛋白為基礎的嬰兒配方奶，但不是豆漿。

★ 如果是因為對牛奶蛋白過敏，則應使用完全水解蛋白的嬰兒配方奶才對，因為還是可能會對豆精蛋白過敏，更不能喝豆漿代替。

❷ 對 1 歲以上的寶寶而言，牛奶的營養還是比較全面，如果一對一 PK 的話，豆漿的鈣質遠遜於牛奶。如果是因為乳糖不耐不想喝牛奶，可以改成喝優酪乳看看。如果還是要棄牛奶而改豆漿，則要注意從其他食物當中補充鈣質。

❸ 豆漿既然沒有比牛奶好，那我們為什麼還要推崇豆類呢？別忘了，我們是希望用植物性蛋白來取代部分魚、肉、蛋的攝取，而不是取代奶類。奶類在六大食物分類裡是獨立的一類。

❹ 那麼關於牛奶，要注意些什麼呢？在新的飲食指南裡，牛奶特別強調要低脂，一天飲用 360 ～ 480 毫升。這個建議量從 1 歲以上的小孩就適用了，不過除非特別肥胖，兩歲前不必刻意選擇低脂的牛奶，因為脂肪是腦部發育的重要原料。

所以結論是：「豆漿可以喝，奶類不能少！」

魚類怎麼吃？

在魚類的選擇上，除了魚肉本身的營養價值，還要注意生態的維護，和避免攝取到過多的重金屬。

如果為了攝取 ω3 脂肪酸而選擇大型魚，例如鮪魚或鱈魚，因為它們位於食物鏈的末端，所以會逐層累積重金屬當中的甲基汞和鎘，尤其不適合小孩、孕婦以及哺餵母乳中的媽媽食用。

營養 Q & A

為什麼不要太常吃魩仔魚？

根據筆者在臉書社團的調查，有 30.5% 寶寶第一次開葷的食物是魩仔魚，僅次於雞胸肉的 39.8%，可見魩仔魚在小孩飲食中的普遍程度。不過魩仔魚常有過量鹽分和漂白劑，建議可以其他魚種代替。

魩仔魚是鯷科及鯡科的仔稚魚，統稱為魩鱙，臺灣所捕獲的種類主要則是以刺公鯷、異葉公鯷及日本鯷為主，並非為所有魚類的魚苗，這種魚大約一年生，最大成魚也差不多就是 4 公分多，不會再長大了。

魩仔魚原始是透明色撈起來會在船上煮熟避免劣變，因此會變成白色，在每年 5 ～ 9 月的時禁止捕撈，尤其是 6 月，因為此時捕撈會撈到其他種類的魚苗。為了避免影響生態所以，政府會管控總量，不致影響生態。購買時應避免顏色過於白的魩仔魚。

因此，魩仔魚當作寶寶的入門食物無可厚非，亦可用其他食材來取代輪替會更好，如鯛魚、鱸魚。

魩仔魚常被當作寶寶的入門食物。

因此在眾多魚類當中，目前筆者認為最理想的選擇是小型魚，可選擇的有小型野生鮭魚、竹筴魚、沙丁魚、秋刀魚等等，這幾樣能交替著吃，以多種魚種來分攤風險，是最好不過了。

另外，盡量不要吃魚的內臟、魚卵、或魚皮，因為魚類從環境當中得到的多氯聯苯會儲存在這些地方，吃太多會造成人體在神經、生殖及免疫系統上的損害。

組合肉有什麼潛在風險？

組合肉是如何製成的呢？組合肉又稱重組肉，以牛肉為例，將碎牛肉利用黏著劑黏著，再用保鮮膜包裹，放進冰箱約 6 至 12 小時，就可以切成讓人真假難辨的牛排了。如果再添加牛油粉以增加牛肉的味道，在口味上就更以假亂真。

組合肉的第一個風險是，碎肉的表面積大，因此在處理過程中，沾染到細菌的機會也多。第二個風險是黏著劑的成分，黏著劑是由動物的骨頭或血液製成，因此這樣組合牛排如果沒有全熟就上桌，就會有吃進細菌的疑慮。

另外，為了要增加它的色香味與改善質地，以做到與真肉很像，要添加非常多種的食品添加劑，因此仍是以天然食材做烹調，父母會比較安心的。

在營養上，組合肉也有濫竽充數的感覺。根據董氏基金會在國內的調查，有些小吃攤的雞排，只有 30% 是真的雞肉，剩下的 70% 是碎肉或軟骨。美國也發現速食店的雞塊，雞肉只占 40 至 50%，其他都是脂肪、雞皮、血管等等。因此還是天然的肉最好。

營養診療室——豆魚肉蛋的選擇

肉類怎麼吃？

　　肉類可以分成紅肉和白肉，紅肉就是牛肉、羊肉、豬肉等家畜的肉，白肉就是雞肉、鴨肉、鵝肉等家禽的肉，還有魚肉或帶殼海鮮也算是白肉。也許你會覺得奇怪，白切豬肉不是白色的嗎？為什麼是紅肉呢？因為我們主要看的是煮熟之前的顏色，不過偶爾也會有例外，例如鮭魚生魚片是橘紅色，但鮭魚還是被歸類為白肉。

紅肉具有較多的鐵質。

　　在肉類的選擇上，因為不同肉類各有優缺點，所以還是交替著吃最好。例如紅肉含有較多的鐵，白肉的脂肪含量較低，且有較多不飽和脂肪酸，帶殼海鮮則是有充足的鋅。

　　話說回來，鐵和鋅其實也可以從植物來源攝取，只是吸收率不如肉類。而肉類的蛋白質雖然有完整的必需胺基酸，但適當的植物食材搭配也可以滿足需求。肉類唯一無法被植物取代的營養成分是維生素 B12，如果是素食者，尤其是連奶蛋都不吃的人，要特別注意維生素 B12 的補充。

營養診療室——正確吃**蔬菜**

　　蔬菜是維生素和礦物質的重要來源，不只要天天吃，而且最好要吃到一定的份量以上。以前常聽到「天天 5 蔬果」的口號，現在則是進階到「蔬果 579」了！會有這些口號，正是因為現代人在蔬菜和水果的攝取上普遍不足，尤其外食族常忘了吃蔬菜，或者只吃到很少量的蔬菜，因此需要用口號來提醒大家。

 ## 蔬菜類怎麼吃？

　　蔬果 579 只是一個概略的建議，按照每個人的年齡、性別、和每天消耗體力的程度，其實還可以再區分的更詳細。不過我們先有個概念就好，總之隨著食量的增加，蔬菜和水果的量也要跟著增加。

　　接著你可能會問，怎麼樣算是一份蔬菜或水果呢？按照教育部指導財團法人台灣癌症基金會所製作的蔬果彩虹 579 衛教單，一份蔬菜約為 100 公克，一份水果約為 3 至 4 兩（112.5 至 150 克）。但真要認真算起來，一份水果等於 13 顆葡萄、8 個小草莓、6 個枇杷、2 個蓮霧、1 又 1/2 個奇異果、1 顆青龍蘋果、3/4 個楊桃、2/5 個哈密瓜、1/3 個泰國芭樂、1/10 個鳳梨，複雜的程度實非一般人所能熟記。（請參照 P40　100 公克蔬菜／水果份量圖）

　　再來的問題是，一個剛滿兩歲的小孩，每天也要吃到 300 克的蔬菜（煮

蔬果 579 的份量

蔬果 579	兒童 2 ～ 6 歲	男性 6 ～ 12 歲， 女性 6 歲以後	男性 12 歲以後
蔬菜份數	3	4	5
水果份數	2	3	4
總份數	5	7	9

熟後約裝滿一碗半），還有 250 至 300 克的水果（切好後約裝兩碗八分滿）嗎？實在不容易。

另一種較簡易的算法，成人的一份蔬菜或水果，平均為 80 公克，而**兒童每一份的量大約就是他們自己手掌所能握住的大小**，這樣不僅好記，也較容易達到。先達到這個目標之後，再繼續往前邁進，會比較沒有壓力，不會因為距離目標太遠而窮緊張。因為根據衛福部的調查，接近八成國人沒有達到蔬菜、水果的每日建議攝取量，有時候目標訂太高，反而讓人覺得遙不可及而提早放棄。

攝取色彩多變化的蔬果可達到視覺及營養上的效果。

至於在蔬菜的選擇上，可以和水果一起在色彩上作多樣化的搭配。這樣做不只是為了吸引孩子的目光，也為了在營養素方面達到均衡，例如茄紅素會呈現紅色、類胡蘿蔔素呈現黃色或橙色、蒜素呈現白色或褐色，而深綠色蔬菜含有葉黃素、玉米黃素、鐵質等，黑色蔬果則含有較多微量元素。

雖然在顏色和營養素的對應上偶有例外，但大致上來說，配合蔬果的顏色作多樣化的攝取，是達到均衡營養最簡單的方法。

兒童每一份的量（大約就是他們自己手掌所能握住的大小。）

營養診療室—— 正確吃**水果**

　　水果和蔬菜最大的差別是在維生素 C 的補充。維生素 C 容易在蔬菜烹調的過程中流失，因此在選擇水果時，我們要把一部分的重點放在維生素 C 的攝取上，以彌補蔬菜在這方面的不足。

水果類怎麼吃？

　　維生素 C 含量較高的水果，較為人熟知的有柳橙、橘子、葡萄柚、奇異果。其實芭樂、木瓜、釋迦的維生素 C 含量也很豐富。柳橙的種類有很多，台東的香丁要較長的時間才能成熟，維生素 C 的含量也特別豐富，是不錯的選擇，和我們常聽到的香吉士，是同樣的品種。

　　除了要注意維生素 C 的補充之外，記得也要多樣攝取，經常換吃不同的水果。如果有便秘時，記得不要再吃蘋果或皮較綠的香蕉，否則可能會讓便秘更加嚴重。因為蘋果含有水溶性纖維，若水份攝取不足，則便便容易乾硬而不易大出來。如果真的弄不清楚水果與健康之間的關係，也可以在看病時直接詢問醫生，看看目前的狀況適合吃哪些水果。

　　不同的水果有不同的最佳賞味期。有些水果在摘下後就不會再繼續成熟，例如櫻桃、葡萄、草莓、西瓜，這些水果最好趕快吃或放在冰箱冷藏。草莓很嬌嫩，為了避免在運送過程中被撞壞，所以常在尚未完全成熟時就摘取。所以如果要吃到真正成熟的草莓，要親自去草莓園走一趟比較有機會。

吃水果也要記得多樣攝取。

有些水果在摘下後還會繼續成熟，例如蘋果、香蕉、奇異果、木瓜、梨、百香果，這類水果如果放在冰箱會比較慢成熟，放在室溫中則要注意過熟。當這一類的水果放在一起而且空氣不流通的時候，水果自然散發出來的乙烯有催熟的作用，彼此之間更會互相影響，可能過了半天就壞掉了。

有人說水果切塊隔天吃，營養只剩下一半，是真的嗎？水果切開後，會不會導致營養流失呢？流失的話又會流失多少？2006 年一篇發表在《農業及食品化學期刊》的論文，發現營養的流失並沒有想像中那麼多。例如以實驗當中流失最多維生素 C 的哈密瓜來說，切開後放在 5 ℃冷藏 9 天，維生素 C 其實還保留了四分之三以上。因此**切好的水果如果一下子吃不完，冷藏起來其實還是可以吃到絕大部分的營養。**

最後要注意的是，水果也不能吃太多！因為水果有糖分，很多人都忽略了吃太多水果也會胖的事實，在不知不覺當中攝取過多的熱量。小孩如果體重過重，要注意是否吃了太多的水果。而且在飲食指南裡，**蔬菜要比水果吃得多喔！**

營養 Q & A

買切好的水果健康嗎？

能不能購買已經切好的水果呢？這些水果不容易變色，是不是黑心商品？其實也不用太過擔心，只要浸泡維生素 C 水溶液就可以達到兩至三天不變色的目的。在家如果自己將切好的蘋果泡在檸檬汁裡，甚至還可以讓已經變褐色的蘋果白回來。不過再怎麼說，水果還是要吃之前再切最好，買切好的水果是一種「有吃總比沒吃好」的變通方法。

中國餐館症候群，指的是在吃完中式料理之後，出現頭痛、頸部緊蹦、喉嚨腫、胸悶、胸痛、呼吸心跳加速、疲倦等等症狀。歐美人士平常的飲食不會用味精來調味，經常是在吃完中式料理以後才出現這些症狀，因此一度被認為和中式料理所添加的味精有關，但始終找不到直接的證據。而國人也可能會有這些症狀，但我們很少會叫它做中國餐館症候群。

各式醬料怎麼吃？

嬰幼兒一般不建議使用調味料，盡量讓他們吃食物的原味最好。但如果小孩的胃口極差，稍微用一點點食鹽就能明顯地改善食慾，則可以酌量使用。至於味精，1歲以下的寶寶不適合用來調味，對1歲以上的小孩來說，雖然被視為安全的食品添加物，但味精本身的成分是麩胺酸鈉，和食鹽一樣含有鈉，要注意每日鈉的攝取總量不要過量。

大人常用的各式醬料，除了太鹹，也可能有太油和熱量太高的問題，例如一湯匙15克的沙茶醬就有100卡的熱量。過多的醬料，還可能讓小孩胃口大開，吃了過量的食物，再加上醬料本身的熱量，不僅小時候就容易過重或肥胖，還會養成不良的飲食習慣，一路到成人時期都還是保持肥胖的身材，甚至更胖。

適度運用調味料也可以提高孩子的食慾。

精製鹽的「缺點」在哪裡？

現代人很難想像，甲狀腺腫曾是台灣第五大常見疾病。1958 年新竹部分地區開始在食鹽中加碘，三年內男學童的甲狀腺腫發生率從 44.9% 降到 2.8%，女學童從 58.6% 降到 5.7%，因為防治效果很好，1967 年這項政策擴及全台，有一陣子已經很難看到甲狀腺腫的病人了。

然而 2004 年開放食鹽進口之後，不管是低價進口鹽，或是高價的竹鹽、井鹽、海鹽、岩鹽、玫瑰鹽，大多不加碘。如果使用有缺「碘」的鹽，就要特別注意從其他食物中攝取碘，例如海帶、海苔、文蛤、菠菜、芹菜等等。例外的情況是如果已知有甲狀腺機能亢進，就必須配合醫師的指示減少含碘食物的攝取，因為不是所有甲亢者都要限碘。

媽媽手記

第四章

爸媽快速上菜，
下班後的健康料理

要讓孩子吃得健康，許多家長都會買菜回家自煮，除了秉持少加工品、少油、少調味料的原則外，生鮮食品的挑選也有些訣竅，只要掌握正確的原則，自煮的健康美味程度，絕對比外食好得多！

烹調時最重要的油品選擇

選擇健康的烹調方式，和選擇健康的油一樣重要。橄欖油和苦茶油有較多的單元不飽和脂肪酸，較健康，適合用於油炸以外的烹調方式。橄欖油的冒煙點比較低，苦茶油冒煙點比較高很適合台式炒菜的油脂，冷壓橄欖油若是用在烹調以油水拌炒的菜還適用，但不適和煎與炸的烹調方式，如果用來油炸，溫度一超過冒煙點就會開始氧化變質了。因此，油炸時要選擇性質穩定的油，例如椰子油或豬油、棕櫚油，才能耐高溫，不過這類油的飽和脂肪酸比較高，較不健康，所以烹調上還是盡量少油炸。另外，冷壓橄欖油並非只能涼拌，其實以現有科技的品種選種之下，它們的發煙點提升，是可以拿來炒家用一般菜，但仍不適合油炸食物。

油品的冒煙點和油品的製造方式也有關，例如冷壓的橄欖油，營養成分保留較多，但冒煙點較低；豬油本身冒煙點高因此耐炸，各式植物油經過精緻後其冒煙點都可以

依烹調溫度選擇油品才是較健康的方式。

提升。此外，烹調的時間越久，油品因熱產生的聚合物質會越來越增加，而這些物質也會造成一些自由基產生，和是油脂反覆使用也會造成腸胃的刺激與癌變物質。因此油品以新鮮為主不建議反覆使用（因為烹煮後就不再看冒煙點而是去討論產生的有害聚合物質）。最後建議輪流使用不同種類或廠牌的油，一來有機會攝取到不同油脂的營養，二來也是分散食安風險的消極做法。

🗨 依烹調溫度選擇油品── 油脂與堅果種子類

不管是所謂的好油，都應該在每日應攝取的範圍內，不是所謂的好油就可以多吃，一樣會對身體造成負擔。家裡可多買幾種適合不同烹調溫度的好油，如果要較高溫的炒，建議用苦茶油、葡萄籽油，但植物油都不建議重複使用，未精製的橄欖油、花生油、芝麻油適合較低溫的蒸、煮或涼拌。真的要在家裡油炸，還是建議用豬油、牛油等動物性油脂，若是僅油炸食物一次，亦可使用精緻的植物油，但不建議再回收使用。有些好的植物油可經高溫油炸而不劣化，如玄米油，亦可炒菜使用，但價格較高。

建議不要只買一個廠牌的油品，應開發多個優質品牌及油品種類，可分散風險，也能達到營養互補不失衡的效果。

堅果內有很多優質的不飽和脂肪酸及維生素 E，是很好的油脂來源，但接觸空氣很容易氧化，建議買小包和深色包裝，產生油耗味就不可再吃，最好能選購沒有加調味料或油炸的原味堅果；堅果屬於油脂類，熱量很高，別讓孩子無限制當零食吃著玩，一不小心就會攝取過量，並且需注意，對於太小的兒童可能會有噎著的風險，不可邊玩邊吃，邊跑邊吃。

日本最新發現──玄米油

玄米油號稱可以經過反覆的高溫油炸，油的品質也不會降低，是目前耐受高溫很好的植物油，但市面上還未普遍使用，且因為玄米油價格昂貴，尚未被用來大量油炸食物。雖仍屬精緻油種，但脂肪酸比較適合食用。

什麼是不飽和脂肪酸、必需脂肪酸？（omega 3 與 omega 6）

脂肪酸的主要分類與範例

脂肪酸						
不飽和脂肪酸						飽和脂肪酸
順式					反式脂肪	
多元不飽和 脂肪酸				單元不飽和脂肪		
ω3		ω6				
必需	非必需	必需	非必需	ω9		
α - 次亞麻油酸	EPA DHA	亞麻油酸	AA	油酸		

綠色：應盡量補充

藍色：很少缺乏，不必刻意補充

黃色：適量即可

紅色：避免人工氫化的產物

　　我們先從左下角的 α - 次亞麻油酸來掃描一下脂肪酸的分類。α - 次亞麻油酸是一種必需脂肪酸，屬於 ω3 脂肪酸，而 ω3 脂肪酸與 ω6 脂肪酸都屬於多元不飽和脂肪酸。多元不飽和脂肪酸與單元不飽和脂肪酸一般而言結構都是屬於順式，有些食用油例如酥油可能含有我們不樂見的非天然反式脂肪，以上皆屬於不飽和脂肪酸。不飽和脂肪酸再加上飽和脂肪酸，就組成了食用油的主要成分。反芻動物中具有天然的反式脂肪酸，因此在牛奶、牛肉、羊肉、牛油也都會有。目前並不認為天然的反式脂肪酸有害於身體健康，但若這類食物整體攝取過多，其油脂、蛋白質過高，會造成身體負擔。

　　接著我們再對幾個名詞做進一步解釋。必需脂肪酸指的是人體無法自行合成，一定要從飲食當中攝取的生活「必需」品，除了 α - 次亞麻油酸，還有屬於 ω6 脂肪酸的亞麻油酸。至於什麼是不飽和呢？

營養診療室——六大類食材的選擇

這牽涉到化學式的概念，不飽和表示分子中有雙鍵，如果只有一個雙鍵就叫單元不飽和脂肪酸，如果有兩個以上的雙鍵就叫多元不飽和脂肪酸。如果一個雙鍵也沒有，就叫飽和脂肪酸。多元脂肪酸能讓血管壁的通透性高、有益心血管的健康。但是烹調若是多元比例高比較容易分解而產生自由基，所以烹調油才會建議以單元不飽和脂肪酸為主，保持血管柔軟又不產生自由基，所以以苦茶油、橄欖油單元不飽和脂肪酸為主。

　　說到這裡，可能已經有人開始頭痛了！簡單做個總結，現代人最缺乏的是 $\omega 3$ 脂肪酸，缺乏的結果常造成過敏和心血管疾病，$\omega 6$ 脂肪酸則剛好相反，現代人不僅不虞匱乏，反而常常攝取過多，而太多的結果則是會促進過敏和心血管疾病。因此要注意兩者之間的平衡，$\omega 3$ 脂肪酸和 $\omega 6$ 脂肪酸的比例最好達到 1：5 以上，多攝取富含 $\omega 3$ 脂肪酸的食物，例如小型野生鮭魚、秋刀魚、沙丁魚、竹筴魚、核桃、黃豆、亞麻仁油等等。太多飽和脂肪酸會造成心血管疾病，因此最好控制在整體脂類食品的三分之一。人工反式脂肪對心血管的威脅更大，則最好連吃都不要吃！多吃蔬菜其實也能增加 $\omega 3$ 脂肪酸中的 α - 次亞麻油酸，並進一步轉變成 EPA 及 DHA，那是因為我們現代人飲食中的肉比例太高，蔬菜比例太低，才需藉魚油來補充 DHA、EPA，其實健康素就是一種很好的 $\omega 3$ 脂肪酸的飲食來源。

其他生鮮食材的挑選與處理

全穀根莖類

　　最常吃的米飯、麵條，應該買包裝上寫明來源的產品，一般國產米的品質都不錯，如果家裡人口少，**應買小包裝即可**，若有信任的糧行可提供產地來源則可買，否則不要購買來路不明的散裝穀類，紅豆、綠豆和薏仁也是一樣道理。

　　至於地瓜、芋頭和南瓜等，形狀和大小沒有

新鮮當季的食材就是最健康的選擇。

絕對好壞，重點是注意外皮不要有大面積受損、腐爛，或是完全乾巴巴也不對，其中馬鈴薯要特別注意，不要挑選有發芽、芽眼太多的，不僅味道不佳也容易殘留發芽的毒素。最後則是玉米，如果可以儘量買帶殼的，玉米外殼應是淺綠色有光澤，根和鬚的顏色飽滿，最能看出新鮮度。目前玉米有開放國外基改的品項，因此想避免基改的風險可以選擇台灣在地玉米最放心。

🗨 豆魚肉蛋類

〔豆〕

黃豆可買標明非基因改良者；毛豆建議購買帶殼的，才看得出新鮮度。冷凍毛豆是可以購買的健康選項。

〔魚〕

魚類部分，眼睛應該清澈不混濁，鰓部顏色粉嫩而非暗紅、灰白，夠新鮮的魚聞起來甚至沒有腥味，若有明顯腐臭味就不要買。蝦子應買帶殼，不要只買蝦仁。

〔蛋〕

雞蛋可在超商或超市買水洗蛋，若是傳統市場買的，每次烹煮前用水洗過再煮，以免蛋殼上的細菌汙染其他食材。

〔肉〕

不管是魚肉、豬肉、羊肉、牛肉或雞肉，只要是肉和海鮮都非常容易腐敗，最好向有完善保冷設備的店家購買，現在很多傳統市場的服務都很周到，可以先打電話跟老板訂購，請老闆先冰存再去取貨，就可以保持肉品新鮮。

在超市購買也是一個方法，但要注意冷藏和冷凍標示不同，有些超市會將冷凍肉品放在冷藏櫃販售，方便回家直接煮，雖然在冷藏櫃購買但包裝載明冷凍肉，這種肉適合當餐煮完，不宜回家再放回冷凍庫。

另外，冷藏肉保存期限最多 3 天，回家最好立刻烹煮，至於原本就冷凍的肉品，也要注意有效期限使用完畢。如在傳統市場買絞肉，應買現絞的，可請老闆洗完再絞，但回家要盡快吃完或分包裝入冷凍庫儲存。

🍃 低脂乳品類

購買鮮乳看製造日期，越新鮮的越好，買了後盡快喝完，小家庭買小包裝即可，保存期限內食用完畢。

🍃 蔬菜類

當季當令是買蔬菜的第一優先，由於現在農法進步，很多蔬菜一年四季都會出現，如果不確定當季盛產什麼蔬菜，可先上農委會的網站查詢，（網址：http://www.coa.gov.tw/info_product.php）或是上市場時觀察一下菜攤，如果每個商家都有賣的蔬菜，通常都是盛產的種類。

蔬菜要挑選菜梗硬挺不軟爛，葉片邊緣沒有焦黃、發黑的顏色，但不必特別挑完全沒有蟲咬痕跡的，太漂亮的蔬菜可能噴灑大量農藥；菜的根部和蒂頭完整，顏色飽滿，沒有發黑、暗灰或泡過水般死白。高麗菜、茄子和絲瓜等富含水分的蔬菜，拿起來要有一點重量，太輕可能是已採收一段時間、水分不足。紅蘿蔔形狀不美不直不代表營養價值少。花椰菜農藥多洗花椰菜時發現有菜蟲表是農藥相對用的少。

營養 Q&A

熬大骨湯可以增添食物美味並補鈣？

不建議熬大骨湯。大骨湯的鈣其實很少，不到牛奶的數十分之一，25 碗的大骨湯＝ 1 杯 240c.c. 牛奶的鈣，就算熬很久或加醋，都還是很少，純粹是「以形補形」的心理安慰，其實喝牛奶反而比較容易攝取到鈣質。那麼可以用大骨湯來開胃嗎？如果只有少鈣這個缺點，其實也沒什麼關係，只要能從其他食物補充鈣就好。

但更嚴重的是含「鉛」！即使沒有環境汙染或飼料汙染，大自然都還是有鉛的存在，哺乳動物的骨頭就像空氣清淨機會吸附棉絮一樣，會把吃進體內的鉛慢慢吸附並鎖在骨頭裡面，所以千萬不要以為「有機」的健康豬就不會有含鉛的問題。不過喝過大骨湯的人也不用太擔心，偶爾喝並不至於造成鉛中毒，但小孩如果經常喝，恐怕在鉛中毒之前就已先影響語言學習能力，不可不慎。

營養 Q&A

冷凍蔬菜營養嗎？

由於冷凍蔬菜在急速冷凍前，會先經過「殺菁」程序，雖然會損失少量的營養素，但可以除去大部分農藥，蔬菜被急速冷凍時營養素也保留下來了！但要注意，烹煮冷凍蔬菜時應直接下鍋，退冰反而會讓營養素散失，因此，冷凍蔬菜的缺點是種類少、口感稍差，但在營養和農藥疑慮上，是不錯的選擇，尤其是颱風天菜價高、農藥較多時，是一個相對安全的好選擇。

蔬菜有農藥殘留，多吃安全嗎？

新聞偶會出現超市蔬果抽查出農藥殘留的問題，曾有人問：「營養師，這樣還要多吃蔬菜嗎？」事實上，蔬菜含有非常多人體需要的營養素，如果因為擔心農藥殘留而少吃菜，可說是因噎廢食，反而讓身體陷入更不健康的風險中，是非常不對的觀念！如果擔心農藥殘留，只要正確洗菜，風險就會大幅度降低。

· 安全的洗菜步驟：

❶ 先將菜除去腐葉，以大水將泥沙和可見髒污洗去。

❷ 將蔬菜以攝氏 40 ～ 45 度的水浸泡，大約 15 ～ 20 分鐘，水溫不可超過 50 度，否則會破壞蔬菜的營養素。

❸ 將水龍頭的水調到最小，只要像一條細線的水流即可，讓水流動 10 分鐘。（步驟 2 與 3 可以選一個即可，若時間很趕可省略 3）

❹ 最後撈起蔬菜，以小水流再輕輕沖洗 2 ～ 3 次，瀝乾蔬菜後下鍋前再切。

營養診療室——六大類食材的選擇

水果類

　　水果一樣是買當季當令，即使帶皮的水果，食用前也儘量先洗過。果皮的紋路應完整不雜亂，靠近聞有正常的果香，而非藥水味或發酵的味道。水果要有該品種的原味，酸酸甜甜才是正常，不必要求太甜的水果。水果整體飽滿不乾扁；蒂頭完整，呈現新鮮的綠色，而非乾扁、變黑，甚至蒂頭一碰就掉。

營養 Q & A

用小蘇打粉清洗水果安全嗎？

　　有些人覺得用小蘇打粉、蔬果洗潔劑、食鹽等來清洗蔬果較乾淨，其實只要正確且仔細的清洗，清水就能達到很好的效果，尤其小蘇打粉會影響一些營養素，而食鹽可能讓清洗的水滲透壓變高，反而讓農藥等化學物質無法從蔬果中排出，導致更洗不乾淨，因此，只要以清水正確清洗，孩子們就能安心吃蔬果！

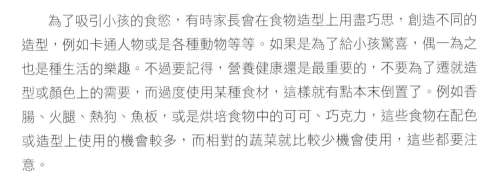

將食物做成卡通造型的優缺點

為了吸引小孩的食慾，有時家長會在食物造型上用盡巧思，創造不同的造型，例如卡通人物或是各種動物等等。如果是為了給小孩驚喜，偶一為之也是種生活的樂趣。不過要記得，營養健康還是最重要的，不要為了遷就造型或顏色上的需要，而過度使用某種食材，這樣就有點本末倒置了。例如香腸、火腿、熱狗、魚板，或是烘焙食物中的可可、巧克力，這些食物在配色或造型上使用的機會較多，而相對的蔬菜就比較少機會使用，這些都要注意。

🍃 隔夜菜可以隔天帶便當加熱再吃嗎？

其實是可以的，只是沒有現做那麼營養。會出現這樣的疑問，大多是因為新聞每隔一陣子就會報導隔夜菜可能致癌的消息。新聞所指的是前一天已經擺在餐桌上吃過的菜，除了接觸到空氣中的細菌，也可能藉由筷子沾染到口水中的細菌。過了一整夜，細菌會將蔬菜中的硝酸鹽轉化成亞硝酸鹽，不過亞硝酸鹽本身並不會致癌，它的進一步產物亞硝胺，才是所謂的致癌物。如果前一天作好菜並妥善保存，而且過程中沒有受到口水的汙染，隔天加熱再吃就像平常帶便當上班或上學一樣，並不會因此使得亞硝酸鹽驟增。

如果攝取過量的硝酸鹽會造成噁心、嘔吐、腹痛、頭痛、暈眩、心跳加速、發紺、抽搐、昏迷，甚至窒息等症狀。硝酸鹽轉化而成的亞硝酸鹽，量多的話會導致「變性血紅素血症」，在嬰兒因為缺氧而使得皮膚呈現藍紫色，又稱為「藍嬰症」。但是也不必太過驚慌，蔬果中的胡蘿蔔素、維生素 C 和維生素 E，都是天然的抗氧化劑，可以幫忙解毒。蔬菜的好處多，整體來說還是利大於弊。

至於亞硝酸鹽，應避免下列含有高氨的食物組合，以避免形成亞硝胺，例如火腿和熟成硬起司、香腸和魷魚、香腸或臘肉和秋刀魚，因為一旦這

些含亞硝酸鹽的食物和含胺類食物在腸胃中相遇，就容易產生亞硝胺。而亞硝酸鹽因可做為保色劑，讓肉類顏色更鮮紅，所以香腸、火腿、臘肉、培根、熱狗這些都會含有，但可藉由蒸或水煮的方式部份的去掉亞硝酸鹽。而鹹魚、鹹肉等煙燻或鹽醃的肉類，本身即有亞硝胺，應盡量少吃。

將前一天做好的菜妥善保存，不受口水污染是可以的。

營養 Q&A

如何吃蔬菜才能減少亞硝酸鹽？

* 在選購蔬菜時，要選擇有信譽的商家，以避免使用過多的含氮肥料或者在不適當的時間採收。

* 烹調前，可以先將蔬菜浸泡在溫水中，並放置於水龍頭下，將水龍頭開至最小且不間斷的水流，讓水自然溢出而保持流動，約 10 到 15 分鐘後，再用清水做最後的沖洗，可適時用軟毛刷幫助清潔凹凸不平的表面。

* 烹調時，葉菜類盡量採用汆燙的方式，並把湯汁丟棄，盡早將菜吃完。

* 多樣化攝取各種蔬菜，不要只愛吃含較多硝酸鹽的葉菜類，也要吃根莖瓜果類的蔬菜，這樣不僅能分散風險，也較能達到營養均衡的目的。

孩子生病時的天然補品

🥄 蒜頭的殺菌功力

　　古代沒有抗生素，中西方都有人用大蒜來治療疾病，例如隋唐醫藥學家孫思邈就用大蒜來治療痢疾，猶太聖典《塔木德》也用大蒜來治療感染疾病。近代醫學因為抗生素的發展，在感染疾病的治療上突飛猛進，但也逐漸為細菌的抗藥性所苦。有人再回頭探索老祖宗的智慧，研究發現大蒜中的二烯丙基硫化物，對曲狀桿菌的殺菌力甚至比常用的抗生素更好，濃度不到抗生素百分之一的二烯丙基硫化物，就可以達到相同的殺菌效果。

　　不過也要注意，大蒜不是對每一種細菌都有這麼好的效果，而且一般人食用大蒜，也沒辦法像作實驗那樣純化出二烯丙基硫化物來使用。除此之外，大蒜本身的食用方法也會影響殺菌的效果，例如大蒜煮熟後的殺菌效果就降低了；生吃時，切成蒜末的效果也不如搗成蒜泥；而蒜泥如果沒有靜置一段時間讓它充分反應（約 10 到 15 分鐘），大蒜素的含量也會打折扣。因

此拿大蒜來當作單一療法還是有風險，目前還是比較適合用來當作預防或治療時的輔助，但不管生吃或熟吃都是很好的增強免疫力的營養食物喔！因此春秋天氣變化大時，可以來一道香菇蛤蜊湯，提供預防感冒生病的食療法。

🧅 洋蔥水可以治感冒？

　　常常有人問可不可以用洋蔥來治感冒？洋蔥有槲黃素，一種天然的抗組織胺，可以對抗過敏或改善流鼻水的症狀，所以的確可以用來舒緩感冒沒錯。但其實照這樣說來，洋蔥也算有藥性，感冒時把洋蔥當一般食物吃倒是無妨，但如果要把洋蔥當藥吃，請醫師直接開抗組織胺或許還比較單純一些，而且劑量也容易掌握。以槲黃素為例，它除了是抗組織胺，也會影響甲狀腺激素的合成與活化，吃過量的話可能造成甲狀腺功能低下，所以食物和藥物一樣都要有所限制，不能感冒沒好，就只是一直喝洋蔥水，應該讓醫師檢查一下有沒有感冒併發症，方為上策。

営養診療室——六大類食材的選擇

第五章

孩子的健康食譜

孩子的健康套餐

1 週早餐
建議

堅果豆漿飲 + 飯糰

食譜
1

堅果豆漿飲 + 飯糰

〔堅果豆漿飲〕

材料

黃豆 80 克、糙米 80 公克、綜合堅果適量、熱開水 400c.c

調味料　二砂或蜂蜜（依個人口味調理）

作法

1. 黃豆浸泡水中一夜後（放入冰箱避免養菌），撈出瀝乾；糙米浸泡。

2. 將作法 1 放入電鍋中蒸熟，放涼後依一餐份分包裝冷凍。

3. 解凍後加入熱開水倒入調理機中攪打，加入綜合堅果與二砂調整口感。

> **Tips**
>
> 糙米可再加入小米、薏仁等搭配變化。綜合堅果也可單用某種堅果如芝麻、杏仁等。

〔飯糰〕

材料

糙米飯 1 碗、滷蛋 1 顆、滷豆乾 1 片、高麗菜絲、海苔香鬆適量

作法

1. 將糙米飯、滷豆乾微波加熱；高麗菜洗淨、切絲、瀝乾。

2. 將飯與滷蛋、滷豆乾混著高麗菜絲包起來灑上海苔香鬆即可。

3. 內餡也可以滷肉來代替滷蛋或滷豆乾。

營養小叮嚀

- 堅果屬於油脂提供豐富的口感與香味，但若是孩子體位過重，堅果與糖的量都需要控制。

- 外面販售的飯糰往往會包入醃漬過的榨菜、菜脯及油炸的油條熱量較高。利用家中吃剩的糙米飯、滷味等來製作，就是美味營養的早餐囉！

食譜
1
蔬菜蛋餅

蔬菜蛋餅

材料

中筋麵粉 80 公克、太白粉 20 公克、水 100c.c、鹽少許、蔬菜丁（紅蘿蔔丁、菠菜絲或青江菜丁）、高麗菜葉、蘑菇丁、玉米粒 2 小匙、雞蛋 1 個、油適量

作法

1. 自製蛋餅皮：中筋麵粉與太白粉、鹽混和均勻，逐步加水調成麵糊，加入蔬菜丁拌勻。

2. 高麗菜葉切除硬梗，切絲，泡入冰水冰鎮 15 分鐘，瀝乾。

3. 熱油鍋，舀取麵糊煎至稍成型後，均勻鋪上高麗菜絲、蘑菇丁、玉米粒。

4. 倒入蛋液，煎至二面金黃，熄火、切塊即可。

> **Tips**
>
> 高、中、低筋麵粉都可使用。麵糊調到會慢慢滴下為主，麵粉：水的比例為 1：1，再逐漸調整，但若添加青菜因會出水，故水量要略減。

營養小叮嚀

自製蛋餅加入大量的蔬菜健康又安全但較費時間，可假日再製作或前夜先調製好餅皮的麵糊，並處理好食材。

鮪魚麥片粥

食譜 3

鮪魚麥片粥

材料

水煮鮪魚罐頭 1/4 小罐、燕麥片 6 湯匙、蔬菜冰磚、海苔絲少許

·蔬菜冰磚：洋蔥冰磚、金針菇冰磚、紅蘿蔔冷凍丁

作法

1. 洋蔥冰磚 2 塊、金針菇冰磚 2 塊、紅蘿蔔冷凍丁少許，再加少許熱水微波 3 分鐘後（或置入電鍋以外鍋 1 杯水蒸熟）取出備用。

2. 在蔬菜湯中加入麥片泡軟，加入鮪魚及海苔絲調味。

Tips

自製蔬菜冰磚

作法：

· 洋蔥冰磚：洋蔥一顆蒸熟隨意切，加入等量洋蔥大小的水量以調理機打勻（蒸出來的洋蔥水也可以一起打），盛裝在冰磚盒內冷凍。

· 金針菇冰磚：一包金針菇約 200 公克與等量的水以調理機打勻，盛裝在冰磚盒內冷凍。

· 紅蘿蔔冷凍丁：紅蘿蔔切小丁蒸熟分包冷凍。

營養小叮嚀

早餐考量大人製備的時間與小孩咀嚼的速度要吃到青菜不太容易！常備冷凍蔬菜冰磚就是很好的方式，即時解凍、營養不流失、提供膳食纖維，方便又省時。

筍手捲

食譜 4

蘆筍手捲

材料

原味海苔片（或是調味）4 片、糙米飯 40 公克、藜麥 10 公克、蘆筍 1 支、酪梨條 1 支、高麗菜絲適量、蝦 1 隻、雞胸肉 1 條

調味料 美乃滋

作法

1. 蝦放入滾水中煮熟，去殼尾。雞胸肉放入電鍋蒸熟，放涼。
2. 煮一鍋滾水，加入少許鹽，放入蘆筍汆燙至八分熟後，撈起泡於冷開水中，使用前瀝乾水分。
3. 取一片海苔置於手心，依序放入上述食材，順勢垂直包裹捲起呈倒三角狀。

Tips

自製美乃滋

材料：蛋黃 1 顆、糖 1 大匙、鹽 1/2 小匙、沙拉油（各式植物油均可，以味淡清香的為主）、白醋 1/4 小匙（或檸檬汁）

作法：

1. 將蛋黃與糖、鹽置入深鍋中攪打至變成較白的顏色。
2. 加入 1 大匙沙拉油持續攪打至呈稠狀。
3. 加入一點白醋（不要一次加太多會影響稠度），再加入 6 匙沙拉油攪打至濃稠狀（放在湯匙上倒過來不會立刻掉下來；若無法呈濃稠狀，再重複上述加油、攪打動作。）

營養小叮嚀

海苔、美奶滋是很討喜的食物，適量使用能引起孩子的食慾，讓孩子願意吃健康的糙米及藜麥，不僅有飽足感且含油量較一般麵包少，是很健康的早餐。

漢堡肉三明治

食譜
5

漢堡肉三明治

材料

吐司2片、蘋果片3片（或小黃瓜片3片）、花生醬1湯匙（或堅果醬）、美生菜2片

作法

1. 熱油鍋，將冷凍漢堡肉取出，煎至二面上色。
2. 美生菜洗乾淨後以75℃的溫熱水沖洗。
3. 吐司抹上花生醬，依序置入美生菜、漢堡肉片、番茄片、蘋果片即可。

Tips

自製漢堡肉

（約9片，1片肉量約1.3份的豆魚肉蛋類）

材料：牛絞肉100公克、豬絞肉300公克、牛蒡60
　　　公克、紅蘿蔔30公克、洋蔥60公克、蛋1顆、
　　　蒜末少許、蔥末少許、薑末少許

調味料：鹽、胡椒粉少許（或用西式香料粉作變化）

作法：

1. 將材料中的蔬菜切小丁混入絞肉後，加入蛋、蒜末、蔥末、薑末及調味料攪拌至產生黏性。
2. 將作法1分成9小份，置於掌中以手略壓製成漢堡肉片，以塑膠袋分層堆疊置入冷凍即可。

營養小叮嚀

外面連鎖早餐的漢堡肉往往都是重組肉，為了要讓質地好吃也可能添加食品添加物；自己做漢堡肉，不僅可挑選較瘦的部位製作，還可偷渡一點蔬菜，健康又安心。

黑糖桂圓飯

食譜
6

黑糖桂圓飯

 材料

紫米 1 杯、白米 1 杯、桂圓少許、黑糖 40 公克、椰奶 80c.c、水 420c.c（可依個人喜好調整水量）

作法

1. 紫米浸泡 4 小時後，再加入白米混合。
2. 加入桂圓、水置於電鍋中，外鍋加 2 杯水蒸熟。
3. 蒸熟後加入椰奶以餘溫燜 15 分鐘，最後拌入黑糖調味。

Tips

加上白米可讓口感更豐富。

營養小叮嚀

這道食譜也可以加入一點米酒煮增加香味。最後可再加入鮮奶會更香濃，或是加入薑汁增添暖意；也可加入黑米一起烹煮，但需注意，紫米及黑米都屬於糙糯米，少數人吃後易脹氣，可先少量食用。

食譜
7

馬鈴薯沙拉

材料

馬鈴薯 2 顆、玉米粒 5 湯匙、紅蘿蔔 1 條、小黃瓜 1 條、水煮蛋 2 顆、有機小地瓜 1 顆

調味料 黑胡椒粗粒少許、橄欖油或沙拉醬或優酪乳

作法

1. 馬鈴薯去皮切丁、蒸熟；有機小地瓜帶皮切丁、蒸熟；紅蘿蔔切丁、蒸熟；小黃瓜切丁、加鹽；水煮蛋切丁。

2. 將所有食材加入調味料拌勻冷藏即可盛裝食用。

營養小叮嚀

馬鈴薯沙拉還可以加入蘋果丁、奇異果丁及雞胸肉絲、水煮鮪魚罐頭、起司等來變化口味；可單也可當成吐司餡料，地瓜也可換成南瓜、小米、藜麥，這些食材都是未精製的全穀根莖類，可增加膳食纖維，且具有飽足感，可當作課後點心。

孩子的健康套餐
1週主食
建議

食譜
1

醬烤豬肋排（烤）

材料

豬肋排 6 隻、蒜仁 12 瓣、西洋芹 1 支、洋蔥 0.5 顆

味噌醬

醬油膏 200c.c、味霖 200c.c、清酒 200c.c、白味增 120 公克、海山醬 100 公克、大骨高湯 500c.c

作法

1. 西洋芹洗淨切長條、洋蔥洗淨切絲。

2. 將味噌醬調勻，以中火熬煮濃縮剩約 500 公克。

3. 豬肋排洗淨，塗抹味噌醬後，放冰箱醃隔夜。

4. 於烤盤上擺放蒜仁、西洋芹、洋蔥、豬肋排後放入烤箱，以 190℃烤 70 分鐘即可。

食譜 2

嫩煎鮭魚排（煎）

材料

材料 ❶：鮭魚排 300 公克、胡椒鹽 2 公克
材料 ❷：玉米筍 3 支、小黃瓜 1 支、小番茄 3 顆、金桔 1 顆

醬汁 橄欖油 20ml、紅酒醋 50c.c、白砂糖 15 公克

作法

1. 將鮭魚排塗抹胡椒鹽後醃 30 分鐘。
2. 玉米筍洗淨、燙熟；小黃瓜洗淨切條；小番茄、金桔洗淨、切半；置於盤中。
3. 起油鍋，待油熱後放入鮭魚排，兩面各以中火煎 2 分鐘後轉小火，兩面各煎 6 至 8 分鐘（視厚度調整）。
4. 醬汁調勻，淋於鮭魚排上煮至收汁，即可盛盤。

食譜
3

炸鮮蝦野菜天婦羅（一人份的量）

材料

洋蔥 0.5 顆、白蝦 5 隻、山芹菜 10 公克、地瓜 1 顆、脆酥粉 50 公克、低筋麵粉 30 公克、冰水 80c.c

醬汁 白蘿蔔泥 30 公克、柴魚高湯 50c.c、日式醬油 10c.c、味霖 10c.c

作法

1. 洋蔥淨、切絲；白蝦去殼、去腸泥、切小塊；山芹菜洗淨、切小段；地瓜洗淨、切絲。

2. 柴魚高湯、味霖倒入鍋中煮滾後加入日式醬油熄火，放涼加入白蘿蔔泥，即成醬汁。

3. 將脆酥粉、低筋麵粉以冰水稍微拌勻成婦羅粉漿（避免攪拌太久產生筋性，不酥脆）。

4. 將作法 1 拌均捏小塊，均勻裹上粉漿放入油鍋以中火油炸至浮起，淋上醬汁即可。

食譜
4

薑燒牛丼（一人份的量）

材料

銀芽 100 公克、黑胡椒 2 公克、牛肉片 60 ～ 80 公克、彩椒 60 公克、太白粉 10 公克、薑泥 20 公克

醬汁　柴魚高湯 80c.c、醬油 30c.c、味霖 20cc

作法

1. 牛肉片以黑胡椒、薑泥抓醃 30 分鐘；入鍋前拌入太白粉。

2. 白銀芽燙熟鋪於盤底。彩椒淨切條。醬汁煮開備用。

3. 熱油鍋加入牛肉、甜椒拌炒至變色，加入醬汁煮至略收乾後熄火，置於銀芽上即可。

食譜
5

醬燒雞腿

材料

去骨肉雞腿 1 隻、洋蔥 0.5 顆、玉米粉 20 公克、蘆筍 2 支、香菇 2 朵

醬汁 醬油 50c.c、味霖 50c.c、清酒 50c.c、胡椒鹽 3 公克、山椒粉 1 公克

作法

1. 洋蔥洗淨、切絲；蘆筍洗淨、去硬皮；香菇洗淨。用刀背輕拍雞腿肉面。
2. 熱鍋將雞皮面朝下煎至二面焦黃後，切塊。
3. 於鍋中放入作法 1 及雞肉、醬汁燒至入味即可。

食譜
6

粉蒸排骨

材料

排骨 500 公克、粉蒸粉 200 公克、紅地瓜 2 條

醃汁 醬油 30c.c、胡椒鹽 20 公克、糖 10 公克

作法

1. 排骨洗淨,以醃汁醃 30 分鐘後,加入粉蒸粉以手抓勻。
2. 地瓜洗淨、去皮、切小塊。
3. 將地瓜鋪於盤底,再將裹好粉的排骨堆疊於上,放入電鍋中,外鍋加 2.5 杯水蒸熟。

食譜
7

蔥油雞

材料

仿雞腿 2 隻、水 1000c.c、蔥 1 支、薑 3 片、米酒 1 匙

蔥醬 油 1 大匙、蔥末 50 公克、紅蔥油 50ml、鹽 50 公克

作法

1. 雞腿洗淨。

2. 鍋中加水煮至滾，放入蔥、薑、米酒、雞腿，以中火煮 20 分鐘後熄火，蓋鍋蓋燜 20 分鐘，放涼、切塊。

3. 蔥末、紅蔥油、鹽炒拌均，燒熱油沖入碗中，淋於雞肉上即可。

孩子的健康套餐

1 週副食
建議

泰式蝦鬆

食譜
1

泰式蝦鬆

材料

蝦 4 隻、豆芽菜 30 公克、芹菜 20 公克、紅蘿蔔 20 公克、美生菜 5 片、鳳梨 50 公克、奇異果 40 公克

調味料

魚露適量、蒜末適量、香菜末適量、檸檬汁適量、糖適量

作法

1. 美生菜洗乾淨以 75℃以上的溫熱水沖洗。
2. 芹菜、紅蘿蔔、鳳梨、奇異果切或切小丁。
3. 豆芽菜、芹菜、紅蘿蔔入鍋稍微汆燙。蝦入鍋燙熟後剝去蝦殼。
4. 將調味料混合均勻。
5. 以美生菜將上述食材包起，沾調味料即可

營養小叮嚀

美生菜生食時需以 75℃以上的溫熱水沖洗過再食用，以去除蟲卵；若是腸胃道不好的小孩則不建議生食，以免沒沖清洗乾淨感染細菌病毒而拉肚子。這道料理可依一年四季不同的水果來入菜，可變換蓮霧、西瓜、芒果、火龍果都很好吃喔！對於不愛吃水果的兒童能提供不同的視覺及味覺變化。

涼拌鮭魚蘆筍沙拉

涼拌鮭魚蘆筍沙拉

材料

煙燻鮭魚6片、蘆筍2支、紫洋蔥1/2顆、檸檬片2片、
橄欖油少許、起司粉少許

作法

1. 紫洋蔥去皮、切絲，泡入冰水中備用；蘆筍洗淨、燙熟。
2. 將洋蔥絲鋪於盤中，加入蘆筍及鮭魚、檸檬片，淋入橄欖油及起司粉即可。

Tips

自製煙燻鮭魚

材料：鮭魚1片（背部或尾巴部位）、鹽1大匙、
　　　糖1大匙、黑胡椒1.5大匙

作法：

1. 將天然海鹽，砂糖、黑胡椒混合均勻，抹勻在鮭魚上。
2. 用保鮮膜將鮭魚包好，再包一層鋁鉑紙，置於盤中，上面放上重物，放入冰箱醃14至24小時。
3. 取出以開水將調味料沖淨、擦乾、切薄片即可食用。

營養小叮嚀

非常簡單且清爽的菜色，但能提供不同的視覺及味覺饗宴，在家也能做出如同餐廳一樣的美食喔！

薑黃美生菜煎蛋

食譜 3

薑黃美生菜煎蛋

材料

美生菜 5 片、雞蛋 4 顆、鹽少許、薑黃少許、油適量

作法

1. 美生菜洗乾淨、切小片。雞蛋外殼先洗再敲開。
2. 雞蛋打勻加入美生菜片，加鹽及薑黃調味
3. 起油鍋，待鍋熱後倒入蛋液，以蓋上鍋蓋中火烘蛋，待兩面煎熟即可盛盤。

營養小叮嚀

薑黃是一種很好的抗發炎食物，能夠提升免疫力，但是它的獨特味道，會讓吃不慣的人怯步，煎蛋是孩子幾乎都愛吃的食物，加一點不影響風味也能讓孩子學習接受不同的味道，加入生菜除了能增加纖維攝取量避免便秘外，清脆的口感也能增加孩子的味覺體驗，也可以加入波菜等其他蔬菜做調整。

山藥木耳炒肉片

食譜 4

山藥木耳炒肉片

材料

山藥 80 公克、豬里肌 100 公克、黑木耳 40 公克、大蒜 3 瓣、葱段 1 支

調味料

米酒 1/2 大匙、太白粉 1/2 大匙、醬油 1 大匙

作法

1. 豬肉洗淨、切片，加米酒、太白粉、鹽醃漬 10 分鐘。

2. 山藥洗淨、去皮、切長條後浸泡於冰水中，換水 3 次，黑木耳洗淨、切片。

3. 熱油鍋，爆香大蒜、葱段，放入豬肉片翻炒至變色後撈起。

4. 加入山藥、黑木耳中火炒熟，再加入豬肉片翻炒，同時沿鍋邊加入 1 匙醬油大火快炒後即可熄火。

Tips

· 泡冰水可去除粘液讓山藥口感更脆（喜歡吃鬆軟的就不需做此步驟）。
· 也可泡於醋水中。

營養小叮嚀

山藥屬於全穀根莖類，纖維高對護胃是很好的食物，可生吃也能熟食。這道料理也可以用甜豆莢、敏豆、青椒、玉米筍取替山藥，蔬菜混和蛋白質的炒法，可以增加纖維與植化素的量，降低過多蛋白質與油脂的攝取。若是有有烹調滷肉等料理，記得也要加一些青菜一起滷，如海帶、白蘿蔔、紅蘿蔔、杏鮑菇等。

食譜
5

高麗菜卷

材料

紅蘿蔔 1/2 根、鮮香菇 8 朵、牛蒡 1 根、牛豬混合絞肉 180 公克、番茄 1 顆、高麗菜 4 片、高湯 1 杯

調味料

鹽 1/2 小匙、麵包粉 2 小匙、蛋汁 1 個、胡椒適量、橄欖油適量

作法

1. 紅蘿蔔、鮮香菇洗淨、切細末；牛蒡洗淨、去皮、切細末，拌入絞肉、調味料，即為餡料。

2. 番茄洗淨、切片。高麗菜以小火燜煮 3 分鐘撈出冷卻。

3. 將餡料包入高麗菜中捲起，置於深盤中，加入番茄片、高湯，置於電鍋以外鍋 1 杯水蒸熟，跳起約 20 分鐘即可取出。

營養小叮嚀

肉卷不要只包肉，記得多添加一些蔬菜的比例以降低過多油脂與蛋白質的攝取，亦能將一些平日孩子不愛吃的蔬菜藏於其中，增加練習不同口味的適應。

食譜
6

黃瓜鮮筍拌蝦仁

材料

竹筍 70 克、小黃瓜 50 克，紅蘿蔔 30 公克、蝦仁 75 克、杏鮑菇 1 根、蔥 1/2 支、大蒜末 3 顆量

調味料　日式芝麻醬

作法

1. 洗淨竹筍，帶皮置入電鍋中，外鍋 1 杯水蒸熟，放涼後切小塊。

2. 小黃瓜、杏鮑菇、紅蘿蔔洗淨、切小塊；蝦仁挑去腸泥；蔥切末。

3. 水滾後汆燙蝦仁、小黃瓜、杏鮑菇、紅蘿蔔，撈起冰鎮。

4. 將所有食材混合均勻，加入調味料即可。

營養小叮嚀

竹筍可以當作家中的常備蔬菜，燙完後放入冰箱，可以涼拌食用，也可以當作配菜炒蛋白質食物增加纖維攝取。

131

芹菜葉炒豆包・南瓜黃金泡菜

食譜 7

芹菜葉炒豆包

材料

芹菜（含葉）100 公克、黑木耳 40 克、白豆包（未炸）2 片、紅蘿蔔 20 克、大蒜 2 顆

調味料

油 2 小匙、蠔油 1 大匙

作法

1. 芹菜、木耳、紅蘿蔔洗淨、切細絲；豆包切長條，備用。
2. 熱油鍋，先爆香大蒜，加入紅蘿蔔炒軟，再放入木耳、豆包炒香，最後加入蠔油調味即可。

營養小叮嚀

芹菜葉所含的 β-胡蘿蔔素是莖的 88 倍，維生素 C 含量是莖的 13 倍，維生素 B 群與鈣都高，因此丟棄太可惜。白豆包是黃豆做的屬於優質蛋白質，但不要以為它沒有熱量喔！市面一片白豆包大約 150 卡大約是半碗飯碗的熱量，黃色的是油炸過的豆包其熱量更高，屬於五花肉的等級，不建議太常食用。

孩子的健康套餐

1 週蔬菜
建議

食譜 1　堅果豆漿飲 + 飯糰

食譜
1

南瓜黃金泡菜（蔬果 579）

材料

高麗菜半顆、南瓜籽油 40c.c、紅蘿蔔 30 公克、南瓜內膜與囊、白芝麻粒 1 小匙、大蒜頭 6 顆（可依個人喜好嗆辣度適量調整增減）、二砂糖 50 公克（可依個人喜好增減）、蘋果醋（天然水果醋皆可）40c.c、魚露 1 大匙、檸檬汁 1 小匙

器具　玻璃罐、調理機

作法

1. 高麗菜洗淨切片後，撒一小把鹽抓拌均勻以去澀水，冷藏靜置 1 至 3 小時後擠乾水分。

2. 黃金醬汁：起油鍋南瓜籽油，加入南瓜內膜與囊及紅蘿蔔、白芝麻粒（增加香氣），略炒至軟熟後起鍋，倒入調理機並加入大蒜、二砂糖、蘋果醋、魚露一起攪打成泥即成醬汁。

3. 將步驟 2 的黃金醬汁淋在作法 1 的高麗菜上拌勻，裝入玻璃罐中放入冰箱冷藏。

4. 食用前可擠幾滴檸檬汁調味。

Tips

· 保存方法：可將做好的黃金泡菜裝入洗淨、曬乾的玻璃罐內保存，置放冰箱冷藏可保存 3 個月，但每次取用時需以乾淨、乾躁的筷子夾取。
· 不同的蔬果醋會造就不同的風味。

營養小叮嚀

天然發酵的食材會培養出益生菌，高麗菜、南瓜又都是益生菌愛吃的食物，是可以幫助孩子整腸健胃的料理；而製作醬汁時剩下的南瓜內膜與囊也不用丟，這道醬汁拌肉片沾、青菜都可，是很天然的調味料。

食譜
2

塔香紫茄（蔬果 579）

材料

茄子 2 條、九層塔少許、大蒜少許

調味料

植物油 1.5 大匙、醬油 1 大匙、糖 1/4 小匙

作法

1. 茄子洗淨、去蒂、去籽，對切成小段。
2. 熱油鍋，放入茄子過油，取出瀝乾油分。
3. 另熱油鍋，炒香大蒜，再加入炒過的茄子、九層塔略燜 3 分鐘，再後加入調味料炒勻即可。

營養小叮嚀

茄子含豐富水溶性膳食纖維與維生素 C，可保護腸胃道的健康。

食譜
3

什錦筊白筍

材料

筊白筍5支、芹菜1支、紅椒 1/4 顆、黃椒 1/4 顆、新鮮香菇1朵、大蒜少許

調味料 胡椒鹽、蠔油2湯匙

作法

1. 筊白筍洗淨去皮後斜粗長條、芹菜切段、香菇切片；紅椒及黃椒切絲。

2. 起油鍋爆香大蒜，加水待滾後，加入筊白筍、香菇、蠔油待至水分收乾入味後，再放甜椒、芹菜拌炒即可。

營養小叮嚀

筊白筍含有維生素A、C、膳食纖維，帶有天然的甜味是討孩子喜歡的食材，再加上繽紛的各式蔬菜，爽脆的口感很容易引起孩子的食慾。

普羅旺斯蔬菜

食譜
4

普羅旺斯蔬菜

材料

米豆 15 公克、洋蔥丁 170 公克、大蒜末 10 公克、番茄醬 15 公克、番茄丁 110 公克、茄子丁 230 公克、青椒與彩椒丁 40 公克、節瓜片 170 公克、蘑菇片 80 公克、冷壓橄欖油 3 大匙、蔬菜高湯 4 大匙

調味料 紅酒少許、切碎蘿勒少許、胡椒粉少許

作法

1. 米豆放入電鍋以外鍋 1 杯水蒸熟備用。
2. 起油鍋以中火將炒洋蔥至半透明狀，加入大蒜炒香，加入番茄醬炒至洋蔥變深。
3. 在鍋中依序加入番茄丁、茄子丁、青椒與彩椒丁、節瓜片、蘑菇片、米豆炒軟。
4. 加入蔬菜高湯熬煮至食材變軟，再灑上調味料即可盛盤。

Tips

自製蔬菜高湯

作法：

洋蔥、紅蘿蔔、芹菜加水熬煮 30 分鐘，水量需蓋過蔬菜，約為蔬菜的二至三倍。

營養小叮嚀

這道法式的家常菜，可加在白飯、麵條、餅、馬鈴薯、法式吐司上食用，或是作為蒸魚時最後的淋醬都很好吃。若在食材中加入雞丁就能做到營養均衡的簡易家常變化。米豆是屬於全穀根莖類含有高纖維的澱粉。

生菜莎莎醬

食譜 5

生菜莎莎醬

材料

番茄 4 顆、洋蔥 1 顆、紅椒 50 公克、酪梨 50 公克、美生菜 8 片、香菜 1 小把、檸檬 1 顆、鹽適量、糖適量

作法

1. 將食材洗乾淨，番茄、洋蔥、紅椒切丁備用，酪梨切小塊、香菜切碎。
2. 擠檸檬汁加鹽與糖拌勻，淋在作法 1 的蔬菜丁上。
3. 蘿蔓菜洗淨，以 75℃以上的溫熱水沖洗。將拌好的蔬菜丁放置在蘿蔓菜即可食用。

Tips

也可以 蘿蔓葉來代替美生菜，口感也很棒。

營養小叮嚀

是蔬菜可當點心也是主食，可灑上玉米脆片，也可當作魚、雞肉的沾醬或者捲入墨西哥捲餅食用。酪梨屬於油脂亦能提供飽足感，搭配芒果、百香果作更美味喔！

咖哩蔬菜

食譜
6

咖哩蔬菜

材料

白花菜 1 小顆、馬鈴薯 1 小顆、地瓜 1 小顆、南瓜 1/4 小顆、紅蘿蔔 80 公克、蘋果 1 小顆

調味料

薑黃粉適量、咖哩粉適量、鹽適量、蜂蜜或糖適量（可依個人口味調整）

作法

1. 將馬鈴薯、地瓜、南瓜、蘋果去皮、洗淨、切滾刀塊。
2. 白花菜洗淨切成小朵；毛豆置於電鍋以外鍋 1 杯水蒸熟備用。
3. 鍋內加水煮滾，依序加入馬鈴薯、地瓜、南瓜、紅蘿蔔煮至軟。
4. 再加入蘋果與調味料、白花菜一起煮熟即可。

營養小叮嚀

咖哩是小孩很愛吃的料理，可以將很多孩子不喜歡的蔬菜味藏起來，像是味道較特殊的油菜。自製咖哩不如外面的香甜可口，所以建議加上蘋果與蜂蜜來調味，不同的咖哩粉配方不同，口味也不相同，可依自家口味喜好來選擇。如果時間上不允許，使用市售咖哩塊也可以喔！雖然市售咖哩塊有較多的食品添加物，但若能因此讓孩子吃到更多的蔬菜避免便秘，並且增加多種植化素其實整體健康還是有幫助的。

桔汁涼拌雙耳

食譜 **7**

桔汁涼拌雙耳

材料

川耳 10 朵、新鮮銀耳 1 朵、薑絲少許、香菜末少許、鳳梨 50 公克

調味料

鹽、糖、金桔汁（或香醋）各 1 小匙

作法

1. 川耳、白木耳以溫開水泡開，去蒂、洗淨後撕成小塊，以熱開水淋燙。
2. 鳳梨洗淨、去皮、切小塊。
3. 用小碗將調味料調均勻。
4. 將調料倒入盛有雙耳、鳳梨與薑絲、香菜末的盤中，拌均勻即可。

Tips　新鮮銀耳若一次無法吃太多可以放入冷凍庫儲存。

營養小叮嚀

川耳具有非常豐富的膳食纖維對於預防小兒便秘是很好的食療法，家中隨時備有一些涼拌菜，下班返家作起料理也會比較方便。

菱角排骨湯‧鮮魚昆布汁

食譜
1

菱角排骨湯

材料

菱角適量、排骨適量、薑 2 片、芹菜（含葉）2 支、紅蘿蔔 1/2 根、水 600c.c

作法

1. 排骨洗淨、汆燙備用。
2. 紅蘿蔔洗淨、切塊；菱角洗淨；芹菜洗淨、切末。
3. 於鍋中加入排骨、紅蘿蔔塊、薑片及比食材略高 5 公分的水燉煮約 30 分鐘。
4. 加入菱角煮至鬆軟，灑上芹菜末即可。

營養小叮嚀

菱角是很好的高纖維主食能提供豐富的維生素 B 群，蒸菱角也是孩子下課後的好點心。

食譜
2

鮮魚昆布汁

材料

昆布 2 段（約 5 公克）、水 600c.c、板豆腐 0.5 塊、嫩薑 10g、鱸魚 1 片、青江菜 1 顆、小紅蘿蔔 1 根、新鮮香菇 2 朵

調味料　鹽 1g

作法

1. 昆布洗淨後泡於水中 2 小時，過濾湯汁，即為昆布高湯。

2. 鱸魚洗淨切片；紅蘿蔔洗淨、切片；清江菜洗淨；香菇洗淨；板豆腐切丁。

3. 於昆布高湯中加入嫩薑煮滾，加入作法 2 的食材煮約 5 分鐘後熄火加鹽調味。

營養小叮嚀

昆布能提供天然的味精的鮮味，鱸魚是很瘦的優質蛋白質，是全家很好的低脂營養的好湯品。

生炒花枝羹

食譜
3

生炒花枝羹

材料

花枝 120 克、竹筍 100 克、紅蘿蔔 30 公克、洋蔥半顆、
蔥段 4 支、薑末少許、蒜末少許

調味料

植物油少許、鹽 1/2 小匙、糖各 1/2 小匙、太白粉水、1
大匙烏醋 1/2 大匙、胡椒粉適量

作法

1. 花枝洗淨、切片。大黃瓜、竹筍、洋蔥洗淨、去皮、切片。
   紅蘿蔔、黑木耳洗淨、切片。
2. 熱油鍋，爆香薑末、蒜末，加入紅蘿蔔、洋蔥炒至軟，
   加入花枝、蔥段、筍片拌炒，加水煮至滾。
3. 加入鹽及糖調味，以太白粉水勾芡，最後淋上烏醋及胡
   椒粉即可。

營養小叮嚀

花枝是很好的礦物質——鋅的來源，
鋅在體內參與非常多的酵素反應，並
且也會影響身高、眼睛（吃進去的 β-
胡蘿蔔素需要鋅轉換成維生素 A）、
免疫力，因此適量攝取海鮮也是很重
要的。

翡翠海鮮羹

食譜 4

翡翠海鮮羹

材料

莧菜（或菠菜）100 公克、蝦仁 15 克、白肉魚 40 公克、雞蛋 1 顆、水 1000c.c

調味料　鹽少許、白胡椒粉少許、太白粉水適量

作法

1. 莧菜（或菠菜）洗乾淨、切段，置入用食物調理機打成泥狀備用（可適情況稍加水較容易打）。
2. 蝦仁及白肉魚洗淨、切丁。
3. 雞蛋濾除蛋黃，留蛋白備用。
4. 將菜泥加水煮滾，加入海鮮與鹽提味，倒入太白粉水使口感濃稠。
5. 最後淋上蛋白煮至蛋汁凝固成雪花狀，灑上胡椒即可。

營養小叮嚀

不愛吃綠色青菜？沒關係，這道菜能將討厭的青菜化為湯，加上蛋液的滑溜感與色澤感，很能刺激孩子的味蕾，以不同的方式來品嚐、接受綠色蔬菜。煮之前可以告訴孩子，今天煮草地湯喔！讓孩子心裡接受顏色的改變，否則有些孩子可能會有些抗拒。

洋蔥湯・牛肉蔬菜湯

食譜
5

洋蔥湯

材料

雞高湯 1000c.c、洋蔥 1 顆、奶油少許、法式吐司 1 片

調味料　海鹽少許、起司絲少許

作法

1. 洋蔥洗淨、去皮、切成 1 公分寬的絲狀。

2. 鍋內放少許奶奶油拌炒洋蔥（不需過多，以免熬煮湯時奶油浮出引響口感），以小火慢炒（需不停拌炒以免燒焦），炒到洋蔥呈褐色時，淋上一點高湯，再續拌炒，待高湯揮發後再淋一點高湯再續拌炒，最後再加鹽炒到褐色。

3. 接著將高湯倒入，開大火煮至滾，再轉中小火慢熬，讓洋蔥甜味融入高湯，最後加海鹽調味。

3. 加入 1 小塊法國麵包與起司入烤箱烤 5 分鐘。

營養小叮嚀

洋蔥富含多種抗氧化物質，有益於於敏兒童。雖然洋蔥湯炒的時間較長，但仍留下許多營養價值，家長無須過度擔心，這種烹調方法增加了洋蔥的香度，對於不愛吃洋蔥的小孩是另一種很好的變化。

食
譜
1
堅果豆漿飲 + 飯糰

食譜
6

牛肉蔬菜湯

材料

牛腩 300 公克、包白菜半顆、紅蘿蔔 1 條、馬鈴薯 1 顆、番茄 3 顆、洋蔥 1 顆、蔥 1 支、薑 3 片、水 1000c.c

調味料　鹽少許

作法

1. 包白菜洗淨、切小片；紅蘿蔔、馬鈴薯、洋蔥洗淨、去皮、切小塊。番茄洗淨、切塊。

2. 先將牛腩汆燙、切塊、放置電鍋中以外鍋 1 杯水燉煮至熟軟。

3. 在湯鍋中加入蔥、薑、紅蘿蔔、馬鈴薯、番茄、洋蔥、牛腩及蓋過食材的水量一起熬煮，待滾後撈除浮末即可。再加入一起熬煮。

營養小叮嚀

除了牛腩之外，也可以使用牛腱及牛肉片烹煮；牛腱、牛肉片、牛腩的熱量依序增加，但含鐵量誤差不大，若是家中孩子的體重過重，仍建議選擇牛腱肉、牛肉片為佳，減少過度脂肪攝取仍是有益於兒童健康，若不需體重管理或是太瘦小的孩子，牛腩是很好的選項。

100 （公克）	牛腱	牛肉片 （牛嫩肩、里肌肉片）	牛腩 （牛肋條）
熱量（卡）	139	188	225
油脂（g）	6	11.4	16.2
鐵質（mg）	3	2.4	2.69

翡冷翠白花蘑菇濃湯

食譜
7

翡冷翠白花蘑菇濃湯

材料

白花椰 1 顆、馬鈴薯 1 顆、洋菇 6 朵、核桃少許

調味料

橄欖油 2 匙、黑胡椒少許、鹽適量、月桂葉 3 片、鮮奶 200c.c、高湯 1000c.c、荷蘭芹少許

作法

1. 白花椰洗淨、切小朵；馬鈴薯洗淨、去皮、切小塊；洋菇洗淨、切片。

2. 起油鍋將月桂葉炒香，放入白花椰、馬鈴薯塊與洋菇片拌炒，並將月桂葉取出。

3. 將高湯與作法 2 一起放入調理機打勻，若喜歡有口感的可保留部分食材不要攪打。

4. 將作法 3 倒入鍋中煮至滾後熄火，加入鮮奶即可，亦可加鮮奶油味道會更香。將洋菇片放於湯上擺盤增色。

Tips

最後也可以加上毛豆及彩椒丁，使色彩更豐富。

營養小叮嚀

全穀根莖類為孩子主要熱量的來源，有些孩子不喜歡吃飯、吃麵，喜歡喝湯，那麼這道湯品就可提供充足的全穀根莖類營養，馬鈴薯含有健康澱粉熱量、洋菇、白花菜的纖維，不愛直接喝牛奶的小孩也能攝取到營養。

孩子的健康套餐
1 週點心
建議

地瓜圓

食譜
1

地瓜圓

材料

地瓜 160 公克、太白粉 30 公克、地瓜粉 10 公克、二砂糖或黑糖適量

作法

1. 地瓜洗淨，放於電鍋中以外鍋 1 杯水蒸熟後，去皮壓成泥。
2. 在作法 1 中混入太白粉、地瓜粉搓揉成光滑麵糰後，揉長條切小塊，每塊搓圓或是讓小孩發揮創意自行製作形狀，或是使用可愛道具壓模。
3. 水滾後將地瓜圓下鍋煮至熟。調甜湯搭配，也可以撈起直接沾黑糖粉食用。

營養小叮嚀

這道食譜可與孩子一起動手做，增加親子烹飪的樂趣，也當作同學來訪時的遊戲活動，食材中的地瓜可用芋頭、紫山藥來代替，地瓜也可以買不同的紅、黃顏色來增加色彩。

彩色芝麻湯圓

食譜 2

彩色芝麻湯圓

材料

糯米粉適量、桑葚葉粉 2 小匙、巴西莓粉 2 小匙、現榨 100% 純果汁適量

餡料

熟黑芝麻 400 公克（可依照每家調理機能打得最低量調整）、冰糖 80 公克（可依個人甜度喜好調整）

作法

1. 芝麻醬餡：將熟黑芝麻、冰糖放入調理機打勻成醬，不需加水。
2. 桑葚葉粉、巴西莓粉加少許水調勻，再逐步加入糯米粉中至不黏手成糰即可。
3. 果汁逐步加入糯米粉中至不黏手成糰即可。
4. 將糯米糰搓分成小塊搓圓，芝麻醬搓成球，以糯米糰包住芝麻醬糰再搓圓，或不包餡料搓圓即可。
5. 水滾煮湯圓，浮起即可撈起。
6. 甜湯可以黑糖、蜂蜜、果汁、甜酒釀等調和均可。

Tips

製作湯圓時量無須刻意秤重，因為家庭成員少即可做少，人多做多。

營養小叮嚀

各種果汁都是很棒的天然調味及調色劑喔！萄葡、柳橙、蘋果、草莓、哈蜜瓜、火龍果都是很不錯的選擇，親子一起隨意創作，不僅口味多元還可增加小肌肉的精細度，好好享受兩個小時的親子手作時光，孩子對於自己做的料理都捧場喔！

麥片餅乾

食譜 3　麥片餅乾

材料

麥片 100 公克、杏仁片 50 公克、黑糖 20 公克、無鹽奶油 90 公克、低筋麵粉 70 公克、葡萄乾 50 公克、牛奶 20c.c、泡蘭姆酒少許

作法

1. 將葡萄乾浸泡於蘭姆酒中備用（味道會更好吃，若沒有可直接使用葡萄乾）。
2. 奶油置於鍋中加熱融化，加入黑糖拌勻成泥，依序加入麥片、牛奶及其他食材拌勻。
3. 在烤盤中塗一點油或鋪上烘培紙，將燕麥糰逐一壓成圓餅狀置入烤盤中，再將作法 1 方葡萄乾置於上裝飾。
4. 上火 150 ～ 180 度，下火 150 度，烤 20 分鐘，烤完再燜 10 分鐘後取出。

Tips

每台烤箱的溫度不同，建議先由 150 度開始試試看，因為這道食譜很容易熟，因此慢慢低溫烤較易成功。第二盤起上下溫度都要下調，否則容易烤焦。

營養小叮嚀

市售的餅乾添加許多食品添加物，自己做使用健康好食材，提供簡易不易失敗的食譜，份量都是可上下調整的喔！黑糖可以換成蜂蜜但是較不香，奶油可以再減量但口乾會變得較乾，也可以再加一點麥片脆片來增加口感。

南瓜布丁

食譜
4

南瓜布丁

材料

南瓜 300 公克（去皮、去籽可食用部位）、全脂鮮奶 100c.c、細砂糖 80 公克（可依南瓜的甜度調整）、全蛋 3 顆

作法

1. 南瓜洗淨、去皮、去籽切塊置於電鍋以外鍋 1 杯水蒸至熟透。

2. 南瓜以湯匙壓成泥加上砂糖拌勻。

3. 蛋外殼洗淨（避免沙門氏菌或大腸桿菌污染），打勻後以篩網過濾。

4. 蛋液加入牛奶攪拌均勻後混入南瓜攪拌均勻，立即倒入布丁模型中。

5. 將作法 4 放入內鍋，加半杯水，外鍋 1 杯水，待電鍋跳起，以牙籤插入蛋液中不沾黏，即熟透。

> **Tips**
>
> 蒸布丁時可將一塊乾淨的抹布放置於電鍋蓋下方，吸附上升的水蒸氣，以免蒸時水滴落在布丁表面上，造成布丁表面有洞洞。

營養小叮嚀

南瓜屬於高鈣、低草酸的蔬菜，可說是一等一好吸收的植物鈣，加上牛奶富含的鈣質，是一道補鈣的好點心。

食譜 5

優格小盆栽

材料

巧克力粉適量、自製優格 2 杯、香蕉 1 根、綜合堅果適量壓碎、芝麻粉（帶糖粉）適量、薄荷葉（或其他綠葉）適量

作法

1. 香蕉剝皮、切片，置於容器底部。

2. 舀入優格，再將巧可力粉與芝麻粉灑於優格上方。

3. 最後將綜合堅果壓碎灑上，請小孩將薄荷葉插上即可。

Tips

自製優酪乳

材料：鮮奶 400c.c、市售優酪乳 1 小罐 200c.c（或是優格菌粉）

作法：

1. 取市售優酪乳加入鮮奶混合均勻（亦可買自做優酪乳的菌種），放入玻璃樂扣盒裝好。

2. 放入電鍋但內鍋不加水，壓下電源保溫 8 至 12 小時不等，因為天氣熱凝結速度快，凝固後（自製優格無法很固態）即可取出放入冰箱保存，天冷則需要較久的時間，保存過程會出水（為乳清可以食用）。另一般不是專做優格的益生菌無法製作優酪乳或優格。

營養小叮嚀

優格有益於腸道保健，下午孩子放學回家肚子餓，簡單的水果優格、堅果優格都是健康又好吃的點心，不喜歡原味的孩子可以加點蜂蜜，或是來道創意小盆栽也可以增加親子趣味。

芋泥雪花糕・蔬菜米煎餅

食譜
6

芋泥雪花糕

材料

・雪花糕材料：鮮奶 450c.c、玉米粉 50 公克、糖 60 公克
・沾料：椰子粉、巧克力粉、抹茶粉、白芝麻粉、黑芝麻粉

作法

1. 玉米粉以 150c.c 鮮奶逐步調勻並過篩。

2. 鮮奶 300c.c 加糖煮溶後，逐步加入作法 1，以中小火續煮約 5 分鐘，需持續攪動煮至濃稠狀。

3. 倒入透明杯中待涼後冷藏，凝固後將芋泥鋪於上即可。（或也可置於較大的平盤中，待成型後切小塊沾喜歡的沾料食用。）

＊部分鮮奶也可使用椰漿代替味道更香濃。

Tips

自製芋頭泥

材料：芋頭 200 公克、牛奶 200c.c、糖 50 公克
作法：

1. 芋頭洗淨、去皮、切塊蒸熟後加糖，稍涼放倒入牛奶，置於塑膠袋中擠成泥。

2. 置於平盤中壓平，放入冰箱冰鎮備用（若芋頭含水量高，可逐步添加牛奶，不一定要加足量，才能成泥）。

＊芋泥也可單獨成一道可口的點心，牛奶與糖也可以用煉乳來代替。

營養小叮嚀

芋頭屬於全穀根莖類富含膳食纖維與維生素 B 群，但對於不愛吃芋頭鬆軟口感的孩子，這道料理改變了芋頭的質地，對於比較不愛喝牛奶孩子也提供了另一種選擇。

食譜 1　堅果豆漿飲 + 飯糰

食譜 **7**

蔬菜米煎餅

材料

飯 1 碗、紅蘿蔔 8 公克、洋蔥 15 公克、雞胸肉（10 公克）、蟹腿（或蝦仁）10 公克、起司少許、太白粉少許

作法

1. 紅蘿蔔洗淨、切丁；洋蔥去皮、洗淨、切丁；雞胸肉切小丁。
2. 起油鍋炒香洋蔥丁後加入紅蘿蔔丁炒軟再放入炒雞胸肉拌炒。
3. 熱飯與作法 1 混合均勻，加入少許太白粉，捏壓成 1 公分左右的圓餅形。
4. 起油鍋將米餅放入煎熟，再放入蟹腿於米餅上加上起司，蓋住鍋蓋起司融化即可。

Tips

家中剩飯、剩菜不知如何解決，這道是一個簡易料理，能當點心又能當早餐，提供多樣化的均衡食材搭配法，對於小麥會過敏的孩子是另一種選項。

營養小叮嚀

家中剩飯、剩菜不知如何解決，這道是一個簡易料理，能當點心又能當早餐，提供多樣化的均衡食材搭配法，對於小麥會過敏的孩子是另一種選項。

日式大阪燒・糙米壽司・豬肉壽喜燒蓋飯

食譜 1

日式大阪燒

材料

蛋 1 顆、中筋麵粉 200 公克、鹽 1/2 小匙、水 150 ～ 200 公克、高麗菜 1/4 顆、花枝少許、細柴魚少許

醬汁　醬油膏許、海苔絲少許、美奶滋少許

作法

1. 高麗菜洗淨、切小塊。花枝洗淨、切小塊。
2. 麵粉加水、鹽調勻後，加入蛋、高麗菜攪勻。
3. 起油鍋加入作法 2，塑成圓形，鋪上花枝，以中火煎至兩面焦黃。
4. 表面抹上薄薄的醬油膏，擠上美乃滋，灑上柴魚片即可。

營養小叮嚀

大阪燒是一道簡單又好吃的料理，可以當正餐也可以當點心，也可以將家中剩下的食材作完美的變身處理，並將一些平常孩子不喜歡的食材切小塊加入。

食譜 2

糙米壽司

材料

糙米飯 1 碗、海苔 2 片、肉鬆適量、小黃瓜 1 條、蛋 1 顆、蝦子 2 隻

醬汁　工研醋 350c.c、糖 200 公克

作法

1. 醋汁混合均勻，加入糙米飯中拌勻。
2. 小黃瓜洗淨、切條。蝦去殼、燙熟。蛋打散，放入油鍋中煎成蛋皮，切成絲。
3. 於海苔上依序鋪一層糙米飯、肉鬆、小黃瓜、蛋絲、蝦後捲起，切成片即可。

營養小叮嚀

壽司是一道小孩愛吃的料理，製作壽司的米要比平日的飯口感再稍硬一點，因此煮軟的糙米飯就很適合來搭配。壽司主要是提供澱粉、少許蛋白質是很適合兒童成長發育的比例，但缺少纖維因此以糙米來搭配。

食譜 3

豬肉壽喜燒蓋飯

材料

牛蒡 1 支、大白菜 3 片、青江菜 1 株、蔥適量、洋蔥 1/2 顆、五花肉片 50 公克、雞蛋 1 顆、美白菇 50 公克

醬汁　日式醬油 3 大匙、清酒 3 大匙、糖 3 大匙

作法

1. 牛蒡洗淨、削去、切絲。大白菜洗淨、切絲。青江菜洗淨。美白菇洗淨、撥小株。蔥洗淨、切段。洋蔥洗淨、切絲。
2. 起油鍋加入五花肉片炒熟後撈起。調味料混和後煮滾。蛋打散。
3. 蔥、洋蔥、大白菜、牛蒡、美白菇炒軟，加入調味料煮至入味，加入蛋液及肉片都滾即可熄火。

營養小叮嚀

壽喜燒基本以五花肉為料理，但對於體重需管理的兒童，建議改成梅花肉減低油脂與熱量的攝取。

100 公克	梅花肉	五花肉
熱量（卡）	360	207
脂肪（公克）	32.9	14
蛋白質	14.9	18.9

南瓜麵疙瘩．芋頭米粉湯

食譜 **4**

南瓜麵疙瘩

材料

南瓜 60 公克、中筋麵粉 100 公克、太白粉 50 公克、鹽 1/4 小匙、蔥段適量、蝦米少許、紅蘿蔔 40 公克、黑木耳 40 公克、肉絲 80 公克、高湯 1000c.c

營養小叮嚀

麵疙瘩也是一道親子可以動手做的料理，麵粉是精製澱粉加入南瓜可增加一點纖維與天然的胡蘿蔔素，讓視覺效果更漂亮。除了南瓜之外，也可以加入地瓜泥或蔬菜汁製作彩色麵疙瘩。

作法

1. 中筋麵粉先加一點鹽混合。紅蘿蔔、黑木耳洗淨、切絲。蝦米泡水 20 分鐘瀝乾備用。

2. 南瓜洗淨、去皮、切塊，蒸熟壓成泥；加入中筋麵粉與太白粉搓成麵糰，若水分不夠可逐量加點水，至不沾手能捏或壓成型即可，靜至 3 至 5 粉中，醒一下麵糰。

3. 煮一鍋水，將可將南瓜糰壓成各式形狀下水煮至浮起。

4. 起油鍋放入蔥與蝦米爆香，加入肉絲拌炒，加高湯或水及紅蘿蔔、黑木耳煮至滾，最後再加南瓜麵疙瘩即可。

食譜 **5**

芋頭米粉湯

材料

梅花豬肉絲 70 公克、皇帝豆 6 顆、米粉 240 公克、芋頭 150 公克、白菜 70 公克、乾香菇 3 朵、蔥段適量、紅蔥頭少許、蝦米少許、高湯 2000c.c

營養小叮嚀

米粉屬於精緻澱粉，搭配芋頭與皇帝豆高纖維的全穀根莖類，並且富含維生素 B 群與寡糖增加腸道健康，並且能增加更多植化素的攝取有益身體健康。

作法

1. 蝦米、乾香菇分別泡水 20 分鐘，瀝乾，香菇切片。

2. 白菜洗淨、切絲，蔥切斷、芋頭洗淨、切塊。米粉用熱水燙軟備用。

3. 熱油鍋加入香菇、蝦米、蔥段爆香，放入豬肉絲、芋頭、白菜拌炒後，加入高湯、荷蘭豆一起熬煮至軟，最後加入米粉與紅蔥頭吸收湯汁即可。

鯛魚醬油煮・蚵仔煎

食譜 6　鯛魚醬油煮

材料

板豆腐 1 塊、鯛魚 1 片、牛蒡 30 公克、生香菇 1 朵、蘆筍 30 公克、薑絲少許、飯 1 碗

醬汁　醬油 2 大匙、糖 1 大匙、味醂 2 大匙

作法

1. 板豆腐洗淨、切 4 塊。牛蒡洗淨、削皮、切絲。蘆筍、香菇洗淨。
2. 起油鍋放入鯛魚煎至兩面金黃後，加入豆腐、牛蒡、香菇、蘆筍、薑絲及醬汁滾至入味。
3. 搭配白飯即可食用。

營養小叮嚀

這是一道均衡的健康料理，板豆腐與鯛魚都屬於低熱量又優質的蛋白質來源，口感柔軟也非常適合小朋友，香菇、牛蒡都屬於高纖維的蔬菜，香菇富含多醣體有益於兒童免疫力的調整，蘆筍富含葉酸，葉酸也是兒童常見缺乏營養素之一。

食譜 7　蚵仔煎

材料

鮮蚵半碗（也可以用花枝、蝦仁）、蛋兩顆、小白菜 100 公克

粉漿　地瓜粉 2 碗、太白粉 1 碗、水 3 碗、鹽少許混合均勻

沾醬　海山醬

作法

1. 小白菜洗淨、切段。將粉漿攪拌均勻。
2. 起油鍋，加入蚵仔煎至半熟，加入調好的粉漿，待粉漿開始凝固後，打入蛋並加入小白菜，煎至兩面酥脆。
3. 起鍋後淋上一點沾醬料就完成啦！

營養小叮嚀

傳統美食蚵仔煎其實是一道均衡餐點，有太白粉、地瓜粉的澱粉熱量；鮮蚵的蛋白質、蔬菜小白菜的纖維，傳統的缺點是蔬菜較少、油脂過高，因此家中可再增加蔬菜量，或是記得來一道蔬菜湯如竹筍湯搭配。另外，可用不沾鍋減少油量攝取，或是偶爾以家中自製豬油煎味道更棒，但記得下一餐的蛋白質以豆腐為主，減少肉類飽和脂肪的攝取，或是今日要做到蔬果 579 的量，增加蔬菜中植醇的攝取能減少體內膽固醇的代謝。

1 週一餐搭配建議

〔**早餐營養**小叮嚀〕

早餐一定要吃能提高學習力與注意力，希望能均衡營養是最好的狀態，但早餐時間比較匆促因此首要注意一定要攝取澱粉類食物，因為能轉換為葡萄糖，進入腦袋做為腦部能量的來源，最好是高纖維的全穀根莖類，因為消化慢可以讓吸收速度慢，持續供應腦部營養避免斷糧，再加上蛋白質食物更能增加飽足感，欠缺的纖維就需要在另外兩餐做加強補充。

〔**主食營養**小叮嚀〕

我們的主食習慣以動物性蛋白質為主軸，食譜中設計的量並非一人份的量，多為 2 至 4 人的份量，建議青菜的比例應該多於動物性蛋白質量，以 2：1 為搭配才能達到酸鹼平衡。動物性蛋白質如魚、蝦、海鮮（花枝）、豬、牛、雞提供不同的微量礦物質與營養素，建議可以輪替攝取，若素食者亦可使用豆類蛋白質做為良好蛋白質的來源，無需擔心吃素會導致長不高營養不良。

〔**副食營養**小叮嚀〕

兩個副食組合就可以當作主菜，煮菜的呈現不一定要大塊肉，可以搭配蔬菜與蛋白質的結合，更能增加纖維，也能避開過多油脂與蛋白質的過量攝取。

〔**蔬菜營養**小叮嚀〕

每種青菜其味道與質地都不太一樣，不是每個小孩全都喜歡，我們可以讓孩子多方嘗試，三不五時再吃一次，因為有時他們的喜好會變來變去的，現在不愛不代表未來不愛，因此都提供讓他們有機會嘗試，不愛吃某種青菜就以同顏色代替即可，練習能不排斥吃到十種以上不同青菜就是很好的開始。

〔**點心營養**小叮嚀〕

學齡前的孩童因為胃容量小所以需要提供點心以補充正餐不夠熱量與營養素，學齡的兒童可以依照活動量或是與生活作息的再來決定是否要用點心，如中午 12 點用餐，有些孩童到晚上 8 點才會吃晚餐，因此下午一定要再補吃一次點心，但點心的目的不是只講究吃飽為主，最好能把握均衡同時提供為他命與其他礦物質、植物化素的補充，不是單只有提供熱量、澱粉、糖類、油脂如洋芋片、飲料等空熱量食物，食譜中提供一些能讓父母在假日都能一起動手做的親子點心喔！食譜

〔**湯品營養**小叮嚀〕

湯品的部分儘量以植物性多於動物性為主，讓孩子增加纖維的攝取為主，如香菇雞湯應該是香菇多於雞，非雞多於香菇喔！

1 週一餐搭配建議表

　　每餐搭配的方式是以三菜一湯為設計，其中將青菜穿插搭配在副菜、青菜與湯品中。其實不一定每餐都要有主菜，可以將兩種副菜組合亦可當主菜，其中的蛋白質份量是足夠的，一樣能達到均衡營養的概念，建議家中的全穀根莖類以糙米、胚芽米、五穀米為主或者混雜著白米一起煮，能達到增加纖維的好方法，纖維其實就是益菌生也是所謂益生菌吃的食物，因此提供腸道纖維來源，自然可以增加兒童體內的好菌，以改善便秘與提升免疫的能力喔！

	1	2	3	4	5	6	7
主菜	醬烤豬肋排	嫩煎鮭魚排	炸鮮蝦野菜天婦羅	薑燒牛丼	醬燒雞腿	粉蒸排骨	蔥油雞
副菜	薑黃美生菜煎蛋	黃瓜鮮筍拌蝦仁	涼拌鮭魚蘆筍沙拉	泰式蝦鬆	山藥木耳炒肉片	黃瓜鮮筍拌蝦仁	牛蒡高麗菜卷
青菜	生菜莎莎醬	南瓜黃金泡菜	普羅旺斯蔬菜	桔汁涼拌雙耳	什錦笂白筍	塔香茄子	咖哩雙蔬
湯品	洋蔥湯	菱角排骨湯	翡冷翠白花蘑菇濃湯	鮮魚昆布汁	翡翠海鮮羹	生炒花枝羹	牛肉蔬菜湯

營養師＆兒科醫師兒童飲食配方

作　　者／葉勝雄、李婉萍
選　　書／陳雯琪
主　　編／陳雯琪

行銷企畫／洪沛澤
行銷副理／王維君
業務經理／羅越華
總 編 輯／林小鈴
發 行 人／何飛鵬
出　　版／新手父母出版
　　　　　城邦文化事業股份有限公司
　　　　　台北市中山區民生東路二段 141 號 8 樓
　　　　　電話：(02) 2500-7008　傳真：(02) 2502-7676
　　　　　E-mail：bwp.service@cite.com.tw
發　　行／英屬蓋曼群島商家庭傳媒股份有限公司城邦分公司
　　　　　台北市中山區民生東路二段 141 號 11 樓
　　　　　讀者服務專線：02-2500-7718；02-2500-7719
　　　　　24 小時傳真服務：02-2500-1900；02-2500-1991
　　　　　讀者服務信箱 E-mail：service@readingclub.com.tw
　　　　　劃撥帳號：19863813
　　　　　戶名：書虫股份有限公司

香港發行所／城邦（香港）出版集團有限公司
　　　　　香港灣仔駱克道 193 號東超商業中心 1F
　　　　　電話：(852) 2508-6231　傳真：(852) 2578-9337
　　　　　E-mail：hkcite@biznetvigator.com
馬新發行所／城邦（馬新）出版集團 Cite(M) Sdn. Bhd. (458372 U)
　　　　　11, Jalan 30D/146, Desa Tasik,
　　　　　Sungai Besi, 57000 Kuala Lumpur, Malaysia.
　　　　　電話：(603) 90563833　傳真：(603) 90562833

封面、版面設計／徐思文
內頁排版、插圖／徐思文
食譜製作／黃俊雄
食譜攝影／子宇影像工作室

製版印刷／卡樂彩色製版印刷有限公司
2016 年 3 月 31 初版 1 刷　　　　　Printed in Taiwan
定價 360 元
ISBN 978-986-5752-37-8

國家圖書館出版品預行編目 (CIP) 資料

營養師 & 兒科醫師兒童飲食配方 / 李婉萍，葉
勝雄著 . -- 初版 . -- 臺北市：新手父母，城邦文
化出版：家庭傳媒城邦分公司發行, 2016.03
　　面；　公分 . -- (好家教系列；SH0143)
ISBN 978-986-5752-37-8(平裝)
1. 育兒 2. 小兒營養 3. 健康飲食

　　428.3　　　　　　　　　　　　　105001645

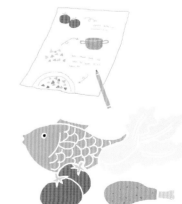